"十四五"职业教育国家规划教材

普通高等教育电子信息类课改系列教材

宽带接入技术与应用

（第二版）

主　编　张庆海

副主编　李　坡　韩保华

参　编　董　鹏　李　敏

西安电子科技大学出版社

内 容 简 介

　　本书系统地介绍了几种典型的宽带接入技术，并针对学生的学习特点，以岗位需求为切入点，从应用性角度讲述了典型宽带接入技术系统设计组网、设备安装配置等方面的内容。全书共分为 6 个项目，包括：接入网基础知识、以太网宽带接入技术、EPON 宽带接入技术、GPON 宽带接入技术、HFC宽带接入技术和 WLAN 宽带接入技术。

　　本书理论性与实践性并重，采用项目化结构安排，层次清晰，涵盖了接入网建设领域所涉及的组网设计、设备安装调试等不同岗位的技术内容，紧跟时代发展需求。此外，本书还配有微课视频资源，方便学生学习。

　　本书既可作为应用型本科、职业本科以及高职高专院校相关专业(如通信工程、通信技术等)的教材，也可作为通信工程、弱电工程、接入网安装与维护等领域工作人员的参考资料。

图书在版编目（CIP）数据

宽带接入技术与应用 / 张庆海主编. --2 版. -- 西安：西安电子科
技大学出版社，2025. 5. -- ISBN 978-7-5606-7649-4

Ⅰ. TN915.6

中国国家版本馆 CIP 数据核字第 2025KY1847 号

宽带接入技术与应用(第二版)
KUANDAI JIERU JISHU YU YINGYONG(DI ER BAN)

策　　划	刘玉芳	
责任编辑	刘玉芳	
出版发行	西安电子科技大学出版社（西安市太白南路 2 号）	
电　　话	(029) 88202421　88201467	邮　　编　710071
网　　址	www.xduph.com	电子邮箱　xdupfxb001@163.com
经　　销	新华书店	
印刷单位	陕西天意印务有限责任公司	
版　　次	2025 年 5 月第 2 版	2025 年 5 月第 1 次印刷
开　　本	787 毫米×1092 毫米　1/16	印张 13
字　　数	304 千字	
定　　价	42.00 元	

ISBN 978-7-5606-7649-4

XDUP 7950002-1

＊＊＊如有印装问题可调换＊＊＊

 PREFACE 前 言

接入网是现代通信网重要的组成部分。随着光纤传输技术的广泛应用以及 IP 化数据业务的快速增长，接入网成为当前通信网中发展最快、技术竞争最为激烈的领域。接入网的应用范围不断扩大，技术手段也不断更新，IP 化、宽带化、综合化成为主流方向。为了适应市场需求和提供技术支撑，接入网技术领域需要大量复合型的技术人才。目前，我国高等教育、高等职业教育等都面临应用技术型人才培养的转型。社会要求从业人员不但要具有扎实的理论基础，还要有较强的实际动手能力；不但要有单一的应用技术能力，还要具备综合性的知识技能。相关专业应以行业发展为导向，以现有的师资和实践条件为起点，改进教学方法，以适应社会发展的需要。为此，我们编写了本书。

本书系统地介绍了几种典型的宽带接入技术，并针对学生的学习特点，以岗位需求为切入点，从应用性角度讲述了典型宽带接入技术系统设计组网、设备安装配置等方面的内容。全书共有 6 个项目，项目 1 为接入网基础知识，项目 2 为以太网宽带接入技术，项目 3 为 EPON 宽带接入技术，项目 4 为 GPON 宽带接入技术，项目 5 为 HFC 宽带接入技术，项目 6 为 WLAN 宽带接入技术。

南京工业职业技术大学教授、高级工程师张庆海担任本书主编，南京工业职业技术大学副教授李坡、嘉环科技股份有限公司副总经理韩保华担任副主编，南京工业职业技术大学副教授董鹏、南京工业职业技术大学副教授李敏等参编。本书由南京工业职业技术大学教授杨战民负责审稿。

在本书的编写过程中，我们还参考了大量报刊、杂志和相关图书资料，在此向有关作者表示感谢。同时，本书在编写过程中得到了西安电子科技大学出版社、嘉环科技股份有限公司相关领导、专家和老师的大力支持与指导，在此表示最诚挚的谢意！

限于编者的水平，本书难免有不妥之处，如蒙读者指教，使本书更趋合理，编者将不胜感激。

编　者
2024 年 12 月

CONTENTS 目 录

项目 1 接入网基础知识

【教学目标】

在了解现代通信网组成的基础上，掌握接入网的相关概念，了解典型宽带接入技术。

【知识点与技能点】

- 电信接入网的定义；
- IP 接入网的定义；
- 接入网的接口；
- 接入网的拓扑结构；
- 接入网的分类；
- xDSL 技术；
- 以太网接入技术；
- HFC 接入技术；
- 光纤接入技术；
- 无线接入技术。

【理论知识】

1.1 接入网概述

1.1.1 通信的相关概念

通信（Communication）就是信息的传递，是指由一地与另一地进行信息的传输与交换，其目的是传输消息。

接入网在通信
网中的位置

1. 消息

在我国古代，人们就开始关注客观世界的变化，即关注它们的发生、发展和结局，把它们的聚散、沉浮、升降、兴衰、动静、得失等过程中的事实称为"消息"。到了近代，消息又逐渐成为一种固定的新闻载体的称谓，所以"消息"又叫新闻。在日常生活中，消息是指关于人或事物等情况的报道，也指人或事物的动向或变化的情况。

通信的目的是传输含有信息的消息。在通信系统中传输的是各种各样的消息，而这些被传输的消息有着各种不同的形式，例如文字、符号、数据、语言、音符、图片、图像等。

2. 信息

1948 年，美国数学家、信息论的创始人香农在论文《通信的数学理论》中指出：信息是用来消除随机不定性的东西。1948 年，美国著名数学家、控制论的创始人维纳在《控制论》一书中指出：信息就是信息，既非物质，也非能量。

信息是指消息中包含的有意义的内容，它是通过消息来表达的，消息是信息的载体。随着社会的发展，消息的种类越来越多，人们对传输消息的要求也越来越高。

3. 信号

信号是消息的物理载体。通信中消息的传输是通过信号来进行的，信号是消息的承载者。在通信系统中，信号以电(或光)的形式进行处理和传输。

信号基本上可分为两大类：模拟信号和数字信号。如果信号的幅度随时间作连续的、随机的变化，则这类信号称为模拟信号，如图 1-1 所示。如果信号的幅度随时间的变化只具有离散的、有限的状态，则这类信号称为数字信号，如图 1-2 所示。

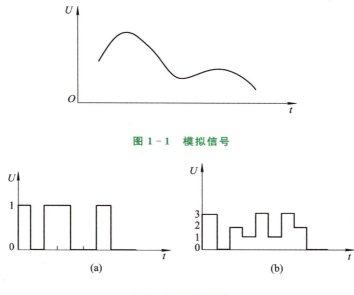

图 1-1 模拟信号

(a)   (b)

图 1-2 数字信号

4. 电信

在各种各样的通信方式中，利用"电信号"来承载消息的通信方式称为电信。这种通信将有用信息进行无失真、高效率地传输，同时将无用信息和有害信息抑制掉，并且还具有存储、处理、采集、显示等功能。由于电信具有迅速、准确、可靠，而且几乎不受时间、地点、空间、距离的限制等特点，因而得到了飞速发展和广泛应用。

ITU(International Telecommunication Union，国际电信联盟)对电信的定义是：利用有线、无线、光或者其他电磁系统传输、发射或接收符号、文字、图像、声音或其他任何形式的信息。"通信"与"电信"几乎是同义词。通信也可定义为：利用电子技术等手段，借助电信号(含光信号)从一地向另一地进行消息的有效传递。

1.1.2　通信系统的模型

实现信息传输所需的一切技术设备和传输介质的总和称为通信系统。以基本的点对点通信为例,通信系统的模型如图 1-3 所示。

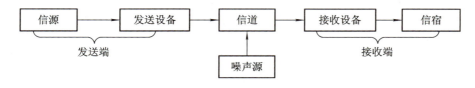

图 1-3　通信系统的模型

1. 信源

信源是指信息源,是信息的发送者,其作用是把待传输的消息转换成原始电信号,如电话系统中的电话机可看作信源。

2. 发送设备

发送设备是许多电路与系统的总称,其作用是对信源输出的信号进行处理,将其变换成适合在信道上传输的信号并送往信道。

3. 信道和噪声源

信道是信号传输的通路,其作用是将来自发送端的信号发送到接收端。信道从形式上可分为有线信道和无线信道,从传输方式上可分为模拟信道和数字信道,甚至还可以包含某些设备。

噪声源是信道中的所有噪声以及分散在通信系统中其他各处噪声的集合。通信系统中不能忽略噪声的影响。通信系统中的噪声可能来自于多个方面,如发送或接收信息时的周围环境、各种设备的电子器件、信道外部的电磁场干扰等。

4. 接收设备

接收设备的功能正好与发送设备的功能相反,即对信号进行解调、译码、解码等,目的是从带有干扰的接收信号中恢复出相应的原始电信号。

5. 信宿

信宿与信源相对应,是信息的接收者,其作用是将由接收设备复原的原始信号转换成相应的消息,如电话机将对方传来的电信号还原成了声音。

1.1.3　传统通信网的组成

实际的通信系统不可能都是图 1-3 所示的点对点的通信系统,在许多场合下常常有若干终端设备通过交换机相互进行通信,如图1-4(a)所示。再者,由于通信设备间的距离太远,不可能敷设专用的线路,而需组建传输网络,如图1-4(b)所示。因此,通信网可以定义为:通信网是指构成多个用户相互通信的多个电信系统互联的通信体系,它利用电缆、光缆或无线电波作为传输介质,使用交换、传输、管理等设备,通过各种通信手段和一定的连接方式将地理上分散的用户终端设备互联起来,实现通信和信息交换。通信的终端越多,它们之间的通信路径就越错综复杂。建立通信网的目的是开展某种通信业务,通信网不仅能提供普通的电话业务,而且能提供数字化、宽带化的综合业务等。因此,按通信业务的不同,通信网可划分为电话网、数据网和移动通信网等。

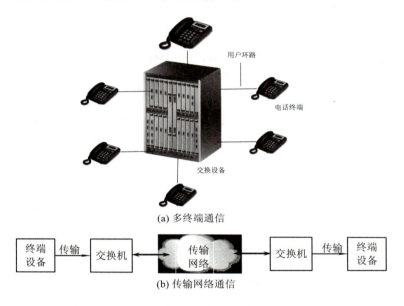

(a) 多终端通信

(b) 传输网络通信

图1-4 通信系统的组成

随着技术的发展,通信网日益复杂,为便于分析,人们把整个通信网抽象为由核心网、接入网和用户驻地网(Customer Premises Network,CPN)组成的网络,如图1-5所示。用户驻地网可以是终端网络,也可以是单独的设备。接入网处于核心网与用户驻地网之间,连接本地交换机和用户。从运营商角度来看,接入网在整个通信网中处于网络的边缘,是网络建设的最后一段,也称"最后一公里";而对于用户来说,接入网是用户直接接触的网络,可以说是"最初一公里"。这里的一公里只是一种形象说法,相对于整个通信网来说是距离较短的一段。而核心网处于通信网的核心位置,承担骨干通信任务,关系重大,被成千上万个用户所共用,是通信网的信源传输中心,主要由长途网(城市之间)和中继网(本市内)组成。目前,通信网的核心部分已经实现数字化和宽带化,并且核心网正向着超高速、大容量的方向发展,展现了宽带化、IP化以及业务融合化的趋势。

UNI:用户网络接口;SNI:业务节点接口

图1-5 传统通信网的组成

接入网的引入给通信网带来了新的变革，使整个通信网的结构发生了根本性变化。传统电话网中的用户环路就是今天接入网的原型，今天的接入网则是电话网中用户环路的延伸和扩展。

1.1.4   接入网在公用通信网中的位置

城域网概念始于计算机网络，它是指介于广域网和局域网之间，分布于城市及郊区范围内的计算机网络。由于传统电信网与计算机通信网的融合，城域网概念引入到公用通信网领域后其内涵发生了变化。现在人们用"城域网"泛指运营商在城市及其郊区范围内提供话音、数据(包括 IP 业务)、图像、多媒体和各种增值业务以及智能业务等多种业务的网络。城域网引入到现代通信网后模糊了传统电信界所定义的电信网结构以及接入网概念，但至今 ITU - T 或其他标准化组织也没有出台相关标准明确电信网的结构。

目前，不少业界人士根据网络地域特征和功能特征认为公用通信网由长途骨干网、城域网、接入网和用户驻地网组成，如图 1 - 6 所示。长途骨干网指连接国家各省/地区主要节点的网络，通常是网状网，具有可靠的保护措施，可解决大容量的可靠传输问题。城域网除具有较大容量的传输能力外，其中以路由器作为长途骨干网的调度设备所构成的网络拓扑结构通常为环网。接入网用于用户业务的接入和汇聚，包括以支持传统电话业务为主的传统电信界定义的接入网、以接入数据业务/IP 业务为主的 IP 接入网和提供综合业务接入的接入网，其拓扑结构多样化，既有星型、环型、树型，还有环型加树型等。用户驻地网是属

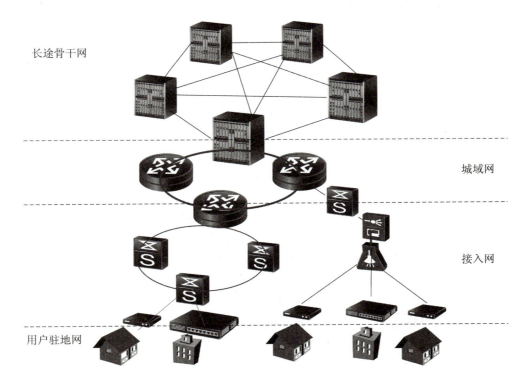

图 1 - 6   典型公用通信网的结构

于用户自己或由用户驻地网运营商管理运行的网络,一般是指用户终端至用户网络接口(UNI)间所包含的网络部分。它由完成通信和控制功能的用户驻地网中的机线设备组成,其规模大小因用户的不同可能差别非常大。最简单的用户驻地网可以仅仅是进到普通居民用户家里的一对双绞线,大的、复杂的用户驻地网可以是覆盖几千米的校园通信网、大型企业网或用户驻地网运营商所运营的居民小区网络等。

其中,长途骨干网和城域网构成了核心网。目前广义电信网或者说通信网已由原来的结构演变成图1-7所示的结构,而接入网在整个网络中的作用并没有发生本质性的变化。可以认为接入网是由用户驻地网与城域网之间的一系列实体(例如线路设施和传输接入设施等)组成的,为传送接入电信业务或IP业务提供所需的传送承载和接入能力,并且可通过网管接口或RP(根端口)进行配置和管理的实时系统或网络。接入网具有明显不同于城域网、骨干网的特点。

图 1-7   接入网在公用通信网中的位置

1.1.5   接入网在三网融合中的发展趋势

"三网融合"原指电信网、有线电视网和互联网在向宽带通信网、数字电视网和下一代互联网演进过程中,经过改造和发展,相互渗透、相互兼容,并逐步整合成为全世界统一的信息通信网络。现阶段,三网融合主要指高层业务应用的融合。三网融合打破了此前有线电视网在内容输送、电信网在宽带运营领域各自的垄断,明确了互相进入的准则——在符合条件的情况下,广电企业可经营增值电信业务、比照增值电信业务管理的基础电信业务、基于有线电视网提供的互联网接入业务等。三网融合由过去的条块分割、各自发展转变为集成共享的协同发展,在形态功能上深度耦合,形成广泛互联、智能程度高和开放共享的新型综合基础设施体系。

三网融合的目标是为了实现网络资源的共享,避免低水平的重复建设,形成适应性广、容易维护、费用低的高速宽带的多媒体基础平台。其表现为技术上趋向一致,网络层上可以互联互通,实现无缝覆盖,业务层上互相渗透和交叉,应用层上趋向使用统一的IP协议,在经营上互相竞争、互相合作,朝着为人类提供多样化、多媒体化、个性化服务的同一目标逐渐交汇在一起,行业管制和政策方面也逐渐趋向统一。三网融合后,手机可以看电视、上网,电视可以打电话、上网,计算机可以打电话、看电视。

三网融合的本质是未来的电信网、广电网和互联网都可以承载多种信息化业务,创造出更多种融合业务,而不是三张网合成一张网,因此三网融合不是简单的三网合一。三网融合可能的发展方向是技术融合、业务融合、行业融合到最终的终端融合及网络融合。

三网融合的关键在于电信和广电业务的融合。电信运营商和广电运营商的业务互相渗透,它们都将成为全业务运营商,通过全业务绑定及价格策略互相争夺客户,因此三网融合对接入网提出了新的要求。其中,接入网扁平化发展成为重要的发展方向。

接入网的扁平化首先要求接入网络的融合和统一,即要把分离的网络向多业务综合接入转变。无源光网络的应用为统一接入提供了技术的可行性;而业务的融合、设备的统一进一步促进了 FTTx(Fiber)网络的发展。其中,FTTH(光纤到户)可减少网络节点、简化网络层次。例如通过光进铜退技术可将接入网的五级架构改进为三级架构(见图 1-8)。在五级架构中,第一级为中心局,主要指以核心路由器为主要设备的骨干层;第二级为城域局端,主要指以路由器为主要设备的城域骨干层;第三级为局端,由宽带远程接入服务器(Broadband Remote Access Server,BRAS)、全业务路由器(Service Router,SR)和会话边界控制器(Session Border Control,SBC)等设备组成;第四级是以小型 OLT(Optical Line Terminal,光线路终端)和交换机组成的模块局;第五级为用户终端。在三级架构中,第一级由核心路由器和光传送网(Optical Transport Network,OTN)等主要设备组成;第二级的主要设备为多业务控制网关(Multi-Service Control Gateway,MSCG)和大型 OLT 等;第三级的主要设备则为无源光网络(Passive Optical Network,PON)连接的用户终端。

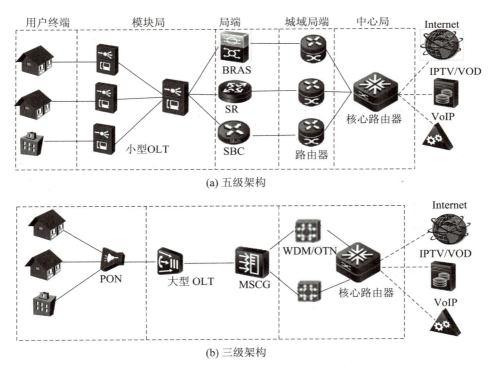

图 1-8　接入网扁平化发展趋势

随着 PON 设备性能的提升,更大带宽、更大分光比、更远通信距离已经成为接入网技术发展的趋势,这将对降低网络建设的总成本十分有效。其次,应用于三网融合的 OLT 应能面对不同行业、不同部门实现管理的统一,针对不同的业务和不同的客户群,提供不同的 QoS(Quality of Service,服务质量)保障。

1.2　接入网的标准与分类

1.2.1　电信接入网标准

1. 电信接入网的定义

1995 年 11 月，国际电信联盟发布了第一个接入网标准 ITU-T
G. 902。在 G. 902 标准中，接入网（AN）是这样定义的：接入网是由业务节点接口（Service Node Interface，SNI）和用户网络接口（User Network Interface，UNI）之间的一系列传送实体（包括线路设施和传输设施）组成的，为传送电信业务提供所需传送承载能力的实施系统，可经由 Q3 接口配置和管理。

G. 902 定义的接入网是由 SNI、UNI 和 Q3 三个接口界定的，即用户通过 UNI 连接到接入网，接入网通过 SNI 连接到业务节点（SN），最后通过 Q3 接口连接到电信管理网（Telecommunications Management Network，TMN），如图 1 - 9 所示。

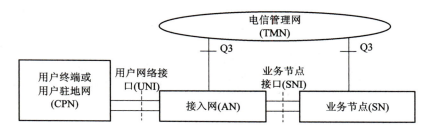

图 1 - 9　接入网的接口

UNI 进一步可分为单个 UNI 和共享 UNI。单个 UNI 的例子包括 PSTN 和 ISTN 中各种类型的 UNI，但是 PSTN 中的 UNI 和用户信令并没有得到广泛应用，因而各个国家都采用自己的规定。共享 UNI 的例子是 ATM 接口。当 UNI 是 ATM 接口时，这个 UNI 可支持多个逻辑接入，每一个逻辑接入通过一个 SNI 连接到不同的 SN。这样 ATM 接口就成为一个共享 UNI。通过这个共享 UNI 可以接入多个 SN。用户网络接口在接入网的用户侧，支持各种业务的接入，如模拟电话接入、N-ISDN 业务接入、B-ISDN 业务接入以及租用线业务接入。对于不同的业务，采用不同的接入方式，对应不同的接口类型。UNI 的主要接口有：ISDN 2B ＋D（B 为 64 kb/s，D 为 16 kb/s）、ISDN 30B+D、Z 接口、ATM 接口、以太网接口、USB 接口、PCI 接口、租用线接口等。能作用户网络接口的一定可以作为业务节点接口，反之则不成立（如 V5 接口）。

SNI 是 AN 与 SN 之间的接口，是 SN 通过 AN 向用户提供电信业务的接口。SN 是指能独立提供某种业务的实体，即一种可提供各种交换类型或永久连接型电信业务的网元，例如本地交换机、X2.5 节点机、DDN 节点机、特定配置下的点播电视和广播电视业务节点等，支持窄带接入业务和宽带接入业务，并可连接到电信网中。如果 AN-SNI 侧与 SN-SNI 侧不在同一地方，可以通过透明传送通道实现远端连接。数字业务的发展要求从用户到业务节点之间是透明的纯数字连接，因此要求业务节点具备数字的 SNI。数字的 SNI 称为 V

接口。在 V5 接口以前，CCITT Q 系列建议中曾规范了 V1~V4 接口。V1~V4 接口主要是为满足 ISDN 用户接入而制定的。它们的共同特点是都不支持 PSTN 和 ISDN 的综合接入。SNI 包括 V5、VB5、以太网接口以及其他 ATM 接口、租用线接口等。

TMN 是收集、处理、传送和储存有关电信网操作维护和管理信息的一种综合手段，可以提供一系列管理功能，对电信网实施管理控制。它是通信技术和计算机技术相互渗透和融合的产物。TMN 的目标是最大限度地利用电信网络资源，提高运行质量和效率，向用户提供优质的通信服务。TMN 使得各种操作系统之间能够通过标准接口和协议进行通信联络，在现代电信网中起支撑作用。TMN 有五种节点：操作系统(OS)、网络单元(NE)、中介装置(MD)、工作站(WS)、数据通信网(DCN)。TMN 有三类标准接口：Q 接口、F 接口、X 接口。

网管接口采用 Q3 接口，是电信管理网连接被管理部分的标准接口。管理的功能包括用户端口功能的管理、运送功能的管理和业务端口功能的管理等。

2. 电信接入网的功能

G.902 建议的电信接入网的主要功能有五种，即用户口功能(User Port Function，UPF)、业务口功能(Service Port Function，SPF)、核心功能(CF)、传送功能(TF)和接入网系统管理功能(Access Network System Managment Function，AN-SMF)。其功能结构如图 1-10 所示。

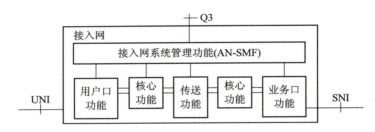

图 1-10　电信接入网的功能

(1) 用户口功能。用户口功能的主要作用是将特定的 UNI 要求与核心功能和管理功能相适配。具体功能为：UNI 功能的终结、UNI 的激活/去激活、UNI 承载通路/容量的处理、UNI 的测试和 UPF 的维护、A/D 转换和信令转换以及相关的管理和控制功能。

(2) 业务口功能。业务口功能的主要作用是将特定 SNI 规定的要求与公用承载通路相适配，以便于核心功能处理；也负责选择有关信息，以便在 AN 系统管理功能中处理。具体功能为：SNI 功能的终结，SNI 的测试和 SPF 的维护，将承载通路的需求和即时管理以及操作需求映射进核心功能，特定 SNI 所需的协议映射以及相关的管理和控制功能。

(3) 传送功能。传送功能为 AN 中不同地点之间公用承载通路的传送提供通道，也为所用传输介质提供媒介适配。具体功能为：复用、交叉连接、管理、物理媒介功能。

(4) 核心功能。核心功能位于 UPF 和 SPF 之间，它的主要作用是将个别用户口承载通路或业务口承载通路的要求与公用传送承载通路相适配。CF 可分布在整个 AN 中。具体功能为：承载通路接入处理、承载通路的集中、信令和分组信息的复用、ATM 传送承载通路的电路仿真以及相关的管理和控制功能。

（5）接入网系统管理功能。接入网系统管理功能主要负责协调 AN 内 UPF、SPF、CF 和 TF 的指配、操作和维护，也负责协调用户终端（经 UNI）和业务节点（经 SNI）的操作功能。具体功能为：配置和控制，指配协调，故障检测和指示，用户信息和性能数据收集，安全控制，协调 UPF 和 SN（经 SNI）的及时管理和操作，资源管理，通过 Q3 接口与 TMN 通信以便接收监视与接收控制。

3. 接入网的物理参考模型

接入网的物理参考模型如图 1-11 所示，其中灵活点（Flexible Point，FP）和配线点（Distribution Point，DP）是两个很重要的信号分路点，大致对应传统铜线用户线的交接箱和分线盒。

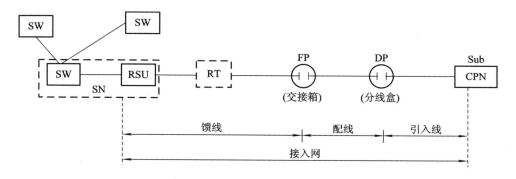

图 1-11　接入网的物理参考模型

G.902 标准是关于接入网的第一个总体标准，对接入网的形成具有关键性的奠基作用，意义重大。G.902 标准定义严格、描述抽象，从"功能"这一角度描述了接入网，希望能适用于接入网进一步的各种技术和业务。但 G.902 标准的准备时间是 1993—1996 年，当时互联网尚未达到今日的辉煌，互联网技术的理念框架还远未深入影响通信技术界，彼时传统电信技术的体系和思路还是电信网络的主体。因此，G.902 标准很大程度上受传统电信技术的影响，其定义的接入网功能体系、接入类型、接口规范等更多地适用于传统电信网络，所以人们有时将 G.902 标准称为电信接入网总体标准。

1.2.2　IP 接入网标准

1. IP 接入网的定义

随着 Internet 业务的爆炸式发展，IP 业务量急剧增长。提供 IP 业务与传统的以电话业务为代表的电信业务发生了很大的改变。2000 年 11 月，ITU 通过了 IP 接入网的 Y.1231 标准。根据 Y.1231 标准建议，IP 接入网定义为：IP 接入网是由网络实体组成的，提供所需接入能力的一个实施系统，用于在 IP 用户和 IP 业务提供者（IP Service Provider，ISP）之间提供接入 IP 业务能力。IP 接入网是将 IP 作为第三层协议的网络。IP 网络业务是通过用户与业务提供者之间的接口，以 IP 包传送数据的一种服务。IP 网络的结构如图 1-12 所示。

图 1 - 12　IP 网络的结构

从图 1 - 12 可以看出，IP 接入网与用户驻地网和 IP 核心网之间的管理接口是参考点（RP，Reference Point），RP 用于在逻辑上分离 IP 核心网和 IP 接入网的功能。因此，IP 接入网由统一的 RP 界定。RP 为一种抽象、逻辑接口，在 Y.1231 标准中未作具体定义，适用于所有 IP 接入网，在具体的接入技术中，由专门的协议描述。与传统电信接入网的用户网络接口和业务节点接口不同，RP 在某些 IP 网络中不与物理接口相对应。而在某些 IP 网络中无法界定 IP 核心网与 IP 接入网，两者不可分割。

2. IP 接入网的功能

IP 接入网主要有三大功能：传送功能、接入功能和系统管理功能。其参考模型如图 1 - 13 所示。

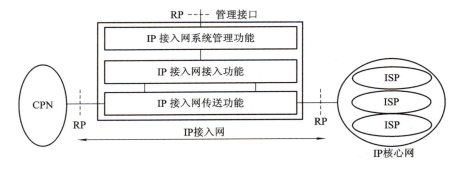

图 1 - 13　IP 接入网参考模型

（1）传送功能。IP 接入网的传送功能是指传送 IP 业务。

（2）接入功能。IP 接入网的接入功能是指对用户接入进行控制和管理。IP 接入方式分为五类，即直接接入方式、PPP 隧道方式（L2TP）、IP 隧道方式（IPSec）、路由方式和多协议标记交换（MPLS）方式。IP 接入网的接入功能主要包括：

- 多业务提供商的动态选择；
- 使用 PPP 协议的 IP 地址动态分配；
- 网络地址翻译（Network Address Translation，NAT）；
- 鉴权；
- 加密；
- 计费；
- 与 RADIUS 服务器的交互。

（3）系统管理功能。IP 接入网的系统管理功能指的是系统配置、监控和管理。

3. G.902 与 Y.1231 的比较

(1) 接入网定义比较：G.902 将接入网定义为 SNI 与对应 UNI 之间承载电信业务能力的实体；Y.1231 将接入网定义为 IP 用户与 IP 服务提供者之间承载 IP 业务能力的实体。

(2) 界定与接口比较：G.902 建议接入网由 UNI、SNI 和 Q3 接口界定；而 Y.1231 建议接入网由统一的接口 RP 界定，更具灵活性和通用性。

(3) 功能比较：G.902 建议具有复用、连接、运送功能，无交换和计费功能，它不解释用户信令，UNI 和 SNI 只能静态关联，用户不能动态选择 SN；而 Y.1231 建议除具有复用、连接、运送功能外，还具有交换和计费功能，能解释用户信令，IP 用户可以自己动态选择 IP 服务提供者。

(4) 接入管理比较：G.902 对接入网的管理由电信管理网实现，受制于电信网的体制，没有关于用户接入管理的功能；Y.1231 具有独立且统一的 AAA 用户接入管理模式，便于运营和对用户的管理，适用于各种接入技术。

Y.1231 建议将接入网的发展推进到一个新的发展阶段，使得 IP 接入网比电信接入网具有更大优势。IP 接入网适应当今技术主流，可以提供数据、语音、视频和其他各种业务，满足网络融合的需要。目前宽带接入技术几乎都是基于 IP 接入网的。

由于 Internet 业务的流行，传统的电信接入网不再以支持电路业务为基本特征，而向提供电话、数据(以 Internet 业务为代表)和视频业务的综合接入方向演进，同时 IP 业务运营商也希望 IP 接入网能够提供传统电信业务。所以，接入网越来越显现出综合业务接入的特征。因此，现在人们不再用"接入网"这个术语指 G.902 定义的接入网或 Y.1231 定义的 IP 接入网，而笼统地用"接入网"来表示用户与核心网中的城域网之间的一系列传送实体(例如线路设施和传输接入设施)，以及为传送接入电信业务或 IP 业务而提供所需传送承载能力或 IP 接入能力，并且可通过网管接口或 RP 进行配置和管理的实施系统。

1.2.3 接入网的分类

接入网可以按拓扑结构、传输介质、接入技术等不同的角度进行分类。

1. 按拓扑结构分类

接入网的拓扑结构指的是机线设备的集合排列形状，它反映了机线设备在物理上的连接性。接入网的成本在很大程度上受拓扑结构的影响，拓扑结构与接入网的效能、可靠性、经济性和提供的业务直接相关。当前接入网中常见的拓扑结构有总线型结构、星型结构、环型结构、树型结构等，如图 1-14 所示。在实际应用中还可以将以上各种拓扑结构进行组合，形成其他形式的网络结构。

2. 按传输介质分类

按传输介质的不同，接入网可分为有线接入网和无线接入网。其中，有线接入网又包括光纤接入网、铜缆接入网和混合接入网等；无线接入网根据通信终端的状态又可分为移动无线接入网和固定无线接入网，如图 1-15 所示。

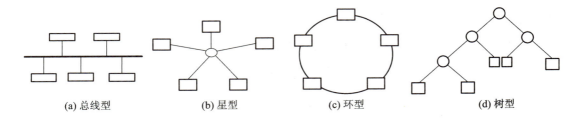

图 1 - 14　接入网按拓扑结构的分类

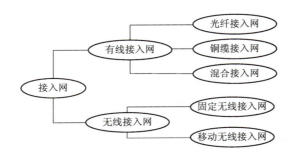

图 1 - 15　接入网按传输介质的分类

3. 按接入技术分类

根据使用接入技术的不同，接入网有数字用户线（x Digital Subscriber Line，xDSL）接入网、以太网技术、混合光纤同轴电缆（Hybrid Fiber Coax，HFC）接入网、电力线接入网、有源光网络（Active Optical Network，AON）接入网、无源光网络（Passive Optical Network，PON）接入网、无线局域网（WLAN）接入网、无线广域网接入网等。其中，无源光网络接入网还包括 APON（ATM PON，异步传输模式无源光网络）、EPON（以太网无源光网络）、GPON（吉比特无源光网络）等接入网。

本书将结合主要传输介质，重点从接入技术及其应用的角度对各类接入方式进行介绍。

1.3　典型宽带接入技术简介

1.3.1　xDSL 接入技术

xDSL 接入技术是多种用户线高速接入技术的统称，包括 ADSL、HDSL、VDSL、SDSL、RADSL 等技术。xDSL 通过不对称传输，利用频分复用技术，使上、下行信道分开，语音信道在 0～4 kHz，上行信道在 20～138 kHz，下行信道在 138～1104 kHz，减小了串音的影响，实现了信号的高速传送。其频谱分布如图 1 - 16 所示。

典型宽带接入技术简介

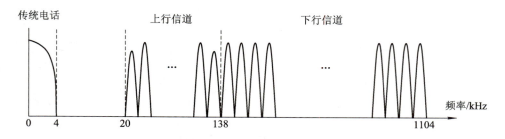

图 1-16　xDSL 频谱分布

xDSL 在信号调制、数字相位平衡、回波抑制等方面采用了先进的器件和动态控制技术，包括 QAM（Quadrature Amplitude Modulation，正交调幅）、CAP（Carrierless Amplitude and Phase，无载波幅度相位调制）和 DMT（Discrete Multi Tone，离散多音频）技术。xDSL 技术能利用现有的市话铜线进行信号传输，不同的技术有不同的传输特性，主要体现在上、下行传输速率上。各种 xDSL 技术特点如表 1-1 所示。

表 1-1　各种 xDSL 技术特点

xDSL 技术名称	主要特点
HDSL（高速数字用户线）	在两线对上实现对称速率 1.5～2 Mb/s
HDSL-2（高速数字用户线 2）	在一线对上实现对称速率 1.5～2 Mb/s
ADSL（非对称数字用户线）	在一线对上实现非对称速率，最高下行速率为 8 Mb/s，最高上行速率为 1 Mb/s
ADSL-lite（简化的 ADSL）	在一线对上实现最高 2 Mb/s 的下行速率，最高上行速率为 512 kb/s
SDSL（对称数字用户线）	在一线对上实现对称 HDSL-2 以外速率，1.5～2 Mb/s
IDSL（ISDN 数字用户线）	在一线对上实现对称 ISDN 速率
RADSL（自适应速率数字用户线）	依照线路的品质调整其动作速率
VDSL（甚高速数字用户线）	甚高速的 DSL，最高下行速率为 52 Mb/s，最高上行速率为 13 Mb/s

ADSL 技术是 xDSL 技术中应用最为广泛的。它由 Bellcore 在 1989 年提出，是一种利用双绞线传送双向非对称速率数据的技术，其技术原理如图 1-17 所示。在上行方向上，计算机终端（PC）发送的数据信号经 ADSL Modem（调制解调器）调制转换成高频模拟信号，电话机发送的是低频语音信号，二者经分离器以频分复用的方式合成为一路信号，再经双绞线向局端传输。到达局端后，通过局端分离器将信号分开，高频信号经 DSLAM（多路复用器）解调成数字信号，与互联网通信；低频信号经交换机与电话交换网通信。下行方向与上行方向的工作过程是互逆的。

VDSL 技术与 ADSL 技术类似，仍旧在一对铜质双绞线上实现信号传输，无须铺设新线路或对现有网络进行改造。用户侧的安装也比较简单，只要用分离器将 VDSL 信号和话音信号分开，或者在电话前加装滤波器就能够使用。

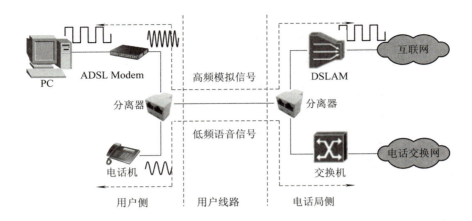

图 1 - 17　ADSL 技术原理图

xDSL 在同一铜线上分别传送数据和语音信号，充分使用现有铜缆网络设施即能提供视频点播、远程教学、可视电话、多媒体检索、LAN 互连、Internet 接入等业务。xDSL 作为由窄带接入网向宽带接入网过渡的主流技术，在我国电信发展史上具有重要的地位，但其在应用上也存在如下诸多问题：

（1）经济性不好。xDSL 造价较高，与无源光纤点对多点复用相比已无优势可言。

（2）实际线路质量难以适应 xDSL 的高技术标准。线路传输带宽不足，不能实现高速视频。

（3）xDSL 的驱动功率较大，线间串扰较大，对其他低频通信设备会造成干扰。

1.3.2　以太网接入技术

从 20 世纪 80 年代开始，以太网就成为普遍采用的网络接入技术。据统计，以太网的端口数约为所有网络端口数的 85%。传统以太网技术不属于接入网范畴，而属于用户驻地网（CPN）领域。然而其应用领域却正在向包括接入网在内的其他公用网领域扩展。利用以太网作为接入手段的主要原因是：

（1）以太网拥有巨大的网络基础和长期应用的经验知识。

（2）目前所有流行的操作系统和应用都与以太网相兼容。

（3）性价比好、可扩展性强、可靠性高以及容易安装开通。

（4）以太网接入方式与 IP 核心网为最佳匹配。

以太网接入是指将以太网技术与计算机网络的综合布线相结合，直接为终端用户提供基于 IP 的多种业务的传输通道。在宽带小区的以太网接入系统中，用户侧设备主要是楼内交换机，并通过 VLAN 划分进行用户隔离，通过光纤或电缆与局侧设备连接。局侧设备主要是三层交换机，它与管理网、IP 核心网以及各种管理服务器连接，提供认证、授权、计费等服务。典型以太网接入的网络结构如图 1 - 18 所示。

以太网的传输介质早期采用的是同轴电缆，现已被淘汰，目前使用的主要是五类或五类以上的双绞线，也可以是光纤或无线电波等。

以太网技术最佳地匹配了 IP 技术。它采用变长帧、无连接、域内广播等技术。宽带运营商专门针对电信运营商大量发展了以太网接入技术，同时，随着以太网接入技术的不断

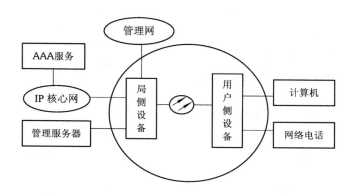

图 1-18 以太网接入系统的网络结构

完善，其系统结构、接入控制、用户隔离安全性都得到了提高。

1.3.3 HFC 接入技术

HFC(Hybrid Fiber-optic Cable，混合光纤同轴电缆)接入网是从有线电视(CATV)系统发展而来的，可以提供有线电视、宽带数据、电话等多种业务的接入。HFC 是一种以模拟方式提供全业务的接入网过渡解决方案。

HFC 接入网的干线部分以光纤为传输介质，分配网部分保留原有的树型—分支型模拟同轴电缆网。HFC 接入网模拟频分复用信道，其信号调制方式与光纤 CATV 网络兼容，一般为残留边带调幅(VSB-AM)方式。HFC 接入网在原有线电视系统的基础上，引入 Cable Modem(CM)技术，可实现多种业务的接入。Cable Modem 的通信和普通 Modem 一样的通信，是数据信号在模拟信道上交互传输的过程，其前端设备为 CMTS(Cable Modem Terminal Systems，电缆调制解调器)，用于管理和控制 CM，用户侧设备为 CM。HFC 系统结构如图 1-19 所示。

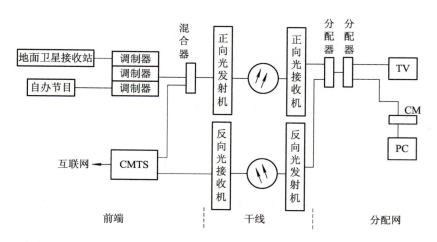

图 1-19 HFC 系统结构

HFC 系统在下行方向的有线电视业务由原前端设备提供，数据或语音业务则通过 CMTS 调制，不同的业务先通过混合器进行频分复用，再通过光发射机把信号沿光缆线路传送至光节点，然后正向光接收机把信号进行光电转换和射频放大，再经同轴电缆分配网络到达用户终端，并将电视信号送给电视机，数据信号通过 CM 的解调调制供给 PC 端。上行方向的工作过程是下行方向工作过程的逆过程，但 HFC 系统仅发送计算机的数据信号，而不回传电视信号。

由于 HFC 接入网是从光纤 CATV 网演变而来的，因此新业务初期成本低，运营成本也大大下降。HFC 网可以提供电话、数据和视频等多业务的接入，它的带宽较宽，但作为 IP 接入还存在不少问题。例如，由于 HFC 采用的是模拟传输方式，其可靠性不是太高，特别是系统的噪声问题较为严重，反向回传会产生类似漏斗的噪声累积；其上行信道也比较受限，电话供电问题也不易解决；HFC 在频谱分配方案中没有国际标准，市场上的设备不易互通；由于不支持 Q3 接口，管理问题解决得也不是很好。因此，HFC 作为广电系统宽带接入技术在新建网络中已基本不再采用，取而代之的是 EPON＋EOC 技术，本书项目 5 中将另行介绍。

1.3.4　光纤接入技术

近年来，随着光纤技术的快速发展，接入网已由铜缆接入发展为光纤接入，即所谓的"光进铜退"。前面介绍的 xDSL 技术、HFC 技术大多用到了铜缆，在一定时期内可以满足一部分宽带接入的需求，但都是一种过渡技术。以光纤为传输介质的光纤接入技术具有容量大、衰减小、传输距离远、抗干扰能力强、保密性好等诸多优点，且其建设成本也相对较低，因此，光纤接入技术成为当前宽带接入的主流技术。

光纤接入技术可分为有源光网络（AON）技术和无源光网络（PON）技术。二者的区别主要是看网络中是否含有有源电子设备。PON 技术具有成本低、对业务透明、易于升级和易于维护管理的强大优势，发展十分迅猛。PON 技术包括基于 ATM 传输的 BPON、APON 技术，基于 Ethernet 传输的 EPON 技术，以及兼顾 ATM/Ethernet/TDM 的 GPON 技术。

图 1-20 所示的 PON 系统由光线路终端（OLT）、光分配网（ODN）和光网络单元（ONU）等组成。

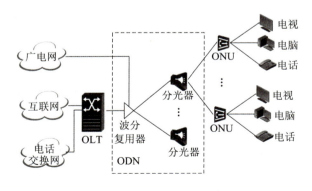

图 1-20　PON 系统的结构

OLT 提供了网络侧与本地交换机之间的通信接口，可以上连各种业务，下接不同的 ONU，并提供管理和监控、维护功能；ODN 通过光纤和分光器提供了光传输的手段，组成纯无源的光分配网；ONU 为光接入网提供了直接或远端的用户侧接口。ONU 具有电/光和光/电转换功能，不仅能完成业务信号的连接，还能完成信令处理、维护管理等。

基于 PON 技术的宽带接入网根据 ONU 的位置可分为多种应用类型，如 FTTC(光纤到路边)、FTTB(光纤到楼)和 FTTH(光纤到户)等。

1.3.5　无线接入技术

无线接入技术是指在交换节点与用户终端之间的传输通道上，全部或部分采用无线传输方式。由于无线接入无须敷设线路、建设速度较快、受环境制约小、设备安装灵活以及维护方便，故已成为有线接入不可或缺的重要补充。

常用的无线接入技术主要有移动通信技术、无线局域网技术、本地多点分配业务系统(Local Multipoint Distribution System，LMDS)等。

1. 移动通信技术

进入 21 世纪以来，移动通信技术发展迅速。从 3G 发展到 4G，然后到 5G，且正在向 6G 方向发展。移动通信支持的宽带接入技术目前应用较广的主要为 4G、5G 技术。

4G 即第四代移动通信技术，它包括 TDD-LTE 和 FDD-LTE 两种制式，支持 1.4 MHz、3 MHz、5 MHz、10 MHz、15 MHz 及 20 MHz 等多种系统带宽。在 20 MHz 带宽下，下行速率可达 100 Mb/s，上行速率可达 50 Mb/s。4G 移动通信系统由长期演进(Long Term Evolution，LTE)无线接入网(Evovled UTRAN，E-UTRAN)、演进型分组核心网(Evolved Packet Core，EPC)和用户设备(User Equipment，UE)组成。无线接入网仅包含 eNodeB，取消了 3G 时代采用的基站控制器(Radio Network Contrdler，RNC)，网络架构扁平化，网络部署更加简单。

5G 移动通信系统的峰值速率可达 10 Gb/s，用户体验速率为 1 Gb/s；空口时延与 4G 相比从 10 ms 降低到 1 ms；支持高达 500 km/h 的速率；每平方千米支持终端数量达 100 万个。5G 定义了 FR1 和 FR2 两个频率范围，FR1 最大信道带宽为 100 MHz，FR2 最大信道带宽可达 400 MHz。5G 网络主要由核心网(5GC)、5G 无线电接入网(NG-RAN)和 UE 三个部分构成。网络架构分为非独立组网架构和独立组网架构两种。非独立组网(Non-standalone，NSA)是指使用现有的 4G 基础设施，进行 5G 网络的部署。独立组网(Standalone，SA)是指新建 5G 网络，包括新基站、回程链路以及核心网。如图 1-21(a)所示，在 5G 非独立组网架构中，NG-RAN 由 5G 基站(gNodeB，简写 gNB)或增强型 4G 基站(ng-eNB)构成，gNB 在 5G 网络中重构为集中单元(Centralized Unit，CU)和分布单元(Distributed Unit，DU)两个逻辑功能实体。CU 用于处理非实时部分信息，支持部分核心网功能下沉和边缘应用业务的部署；DU 一般用于处理实时部分信息，考虑节省 RRU 与 DU 之间的传输资源，部分物理层功能上移至 RRU 实现。CU 和 DU 根据场景和需求可以合一部署，也可以分开部署。DU 连接有源天线单元(Active Antenna Unit，AAU)，原 BBU 基带功能部分上移，以降低 DU 与 RRU 之间的传输带宽。gNB 与 gNB 或 ng-eNB 之间通过 Xn 接口连接；如图 1-21(b)所示，在 5G 独立组网架构中，NG-RAN 全部由 gNB 组成，gNB 之间通过 Xn-C 接口连接，gNB 的 CU 与 DU 之间通过 F1 接口连接。

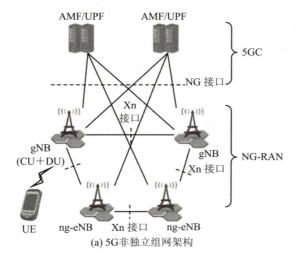

(a) 5G非独立组网架构

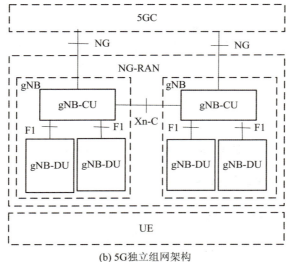

(b) 5G独立组网架构

图 1 - 21　5G 网络架构

"4G 改变生活，5G 改变社会"。中国移动通信跨越了 20 年，也经历了从无到有、从小到大、从弱到强的艰苦历程。中国 5G 标准在全球的引领，让世界看到了中国力量。

2. 无线局域网技术

无线局域网（Wireless Local Area Network，WLAN）技术是利用无线技术实现快速连接以太网的技术。WLAN 技术根据采用的传输介质、选择的频段以及调制方式的不同分为很多种。WLAN 的传输介质主要是微波和红外线。即使采用同类传输介质，不同的 WLAN 标准采用的频段也有差异。对于采用微波作为传输介质的 WLAN 而言，其调制方式有扩展频谱调制方式和窄带调制方式两种。它具有安装便捷、使用灵活、经济节约、易于扩展等有线网无法比拟的优点。WLAN 技术所具有的移动性、便捷性、较高的带宽等特点，以及大规模的产业化和低成本等诸多优势，使 WLAN 市场在短短数年内得到了大规模发展。

WLAN 产业的蓬勃发展和 WLAN 技术标准的不断完善形成了良好的互动。WLAN 技术标准主要由 IEEE 802.11 工作组负责制定。第一个 IEEE 802.11 协议标准诞生于 1997 年，并于 1999 年完成修订。随着 WLAN 早期协议暴露的安全缺陷与用户应用不断地呼唤着更高的吞吐率，以及企业应用等对可管理性的要求，IEEE 802.11 工作组陆续推出了 IEEE 802.11a、IEEE 802.11b、IEEE 802.11g、IEEE 802.11n、IEEE 802.11ac 等大量标准。

　　根据不同的应用环境和业务需求，WLAN 可通过不同的网络结构实现互联。典型的 WLAN 系统由无线控制器(AC)、无线接入点(AP)、汇聚交换机、用户终端等组成。AC 作为接入设备，控制不同的 AP 站点。汇聚交换机上连 AC，下连楼道交换机，为方便 AP 供电，可采用 POE 交换机。在 AP 覆盖范围内，通过不同的无线用户终端(如手机、PDA、笔记本电脑)就可以上网或互相通信了。典型的 WLAN 组网示意图如图 1-22 所示。

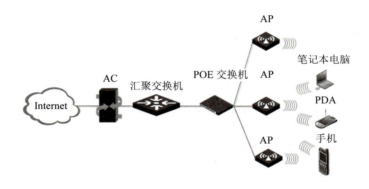

图 1-22　典型的 WLAN 网络结构

3. 本地多点分配业务系统(LMDS)

　　LMDS 技术是一种经济实用的宽带无线接入技术。LMDS 为蜂窝式，工作在 20～40 GHz 频段上，其中以 28 GHz 居多。LMDS 采用多扇区、多小区的空间分割技术组网，可以复用频率，提高系统容量。每个服务区可拥有 1.3 GHz 的带宽。典型的 LMDS 可支持下行 45 Mb/s、上行 10 Mb/s 的传输速率。由于 LMDS 传输距离不超过 5 km，因此称其为本地多点分配业务系统。

　　LMDS 是一种无线访问的新形式，其蜂窝式的结构配置可覆盖整个城域范围，能提供模拟和数字视频业务，如远程医疗、高速会议电视、远程教育商业及用户电视等视频业务和其他多种(语音、数据通信等)业务。

　　LMDS 接入系统由三部分组成：中心站(基站)、终端站(远端站)和网管系统，如图 1-23 所示。中心站设备提供 LMDS 至核心网的接口(SNI)，完成话音交换、ATM 交换和 IP 交换等，并接入 Internet 等国际出口。终端站包括射频收发器、用户接口单元等，通过空中接口连接至中心站并与骨干网络连接，通过多种用户业务接口(UNI)与用户网络连接。网管系统主要负责管理多个区域的用户网络，负责完成告警与故障诊断、系统配置、计费、安全管理等功能。

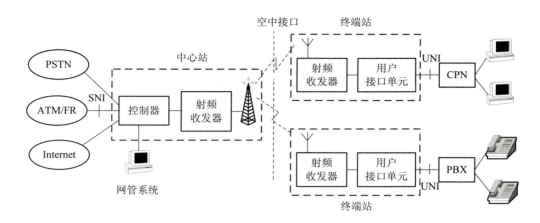

图 1 - 23　LMDS 接入系统的组成

思 考 与 练 习

1.1　什么是消息？什么是信息？什么是信号？

1.2　通信系统由哪些部分组成？

1.3　接入网在公用通信网中的位置是怎样的？

1.4　电信接入网是如何定义的，有哪些接口？

1.5　IP 接入网是如何定义的，有什么功能？

1.6　接入网是如何分类的？

1.7　简述 xDSL 技术的原理。

1.8　简述 HFC 技术的原理。

1.9　简述以太网技术的原理。

1.10　光纤接入技术分为哪些技术？绘出 PON 系统的组成图。

1.11　无线接入技术有哪些，各有什么主要特点？

1.12　参观固网通信机房与小区网络。

联系当地通信运营商，由老师带领学生参观机房。认识机房服务器、交换机、传输设备、配线设备等，形成对通信网络的初步认识。就近选择参观居民小区或校园，认识光交接箱、配线箱、终端设备，形成对接入网的初步认识。

1.13　查阅资料，完成一篇宽带接入网技术综述文章。

项目 2 以太网宽带接入技术

【教学目标】

在掌握以太网基本原理、VLAN 基本知识的基础上，结合实际应用，完成典型中小型以太接入组网。

【知识点与技能点】

- OSI 参考模型；
- TCP/IP 协议栈；
- 以太网的发展历史；
- 以太网的基本原理；
- VLAN 的基本知识；
- 典型以太网接入组网。

【理论知识】

2.1 TCP/IP 基本原理

2.1.1 OSI 参考模型

计算机网络自问世以来，得到了飞速增长。国际上各大厂商为了在数据通信网络领域占据主导地位，纷纷推出了各自的网络架构体系和标准，例如 IBM 公司的 SNA、Novell IPX/SPX 协议，Apple 公司的 Apple Talk

TCP/IP 基本原理

协议、DEC 公司的 DECnet 协议，以及广泛流行的 TCP/IP 协议。同时，各大厂商针对自己的协议生产出了不同的硬件和软件，但厂商之间的网络设备大部分不能兼容，很难进行通信。为了解决网络之间的兼容性问题，国际标准化组织 ISO 于 1984 年提出了 OSI RM（Open System Interconnection Reference Model，开放系统互连参考模型）。OSI 参考模型很快成为计算机网络通信的基础模型。

OSI 参考模型在设计时，各层之间有清晰的边界，便于理解；每层实现特定的功能；层次的划分有利于国际标准协议的制定；层的数目应该足够多，以避免各层功能重复。

OSI 参考模型自下而上分为七层，分别是：第一层物理层（Physical Layer）、第二层数据链路层（Data Link Layer）、第三层网络层（Network Layer）、第四层传输层（Transport

Layer)、第五层会话层(Session Layer)、第六层表示层(Presentation Layer)、第七层应用层(Application Layer)，如图 2-1 所示。

OSI 参考模型第一层到第三层称为底层(Lower Layer)，又叫介质层(Media Layer)。底层负责数据在网络中的传送，网络互联设备往往位于下三层，以硬件和软件相结合的方式来实现。OSI 参考模型的第五层到第七层称为高层(Upper Layer)，又叫主机层(Host Layer)。高层用于保障数据的正确传输，以软件方式来实现。

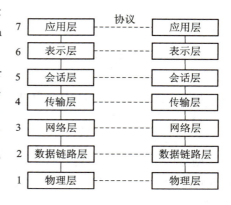

图 2-1 OSI 七层参考模型

OSI 参考模型简化了相关的网络操作，提供了即插即用的兼容性和不同厂商之间的标准接口，使各个厂商能够设计出互操作的网络设备，促进了标准化工作。同时，为防止一个区域网络的变化影响另一个区域的网络，在结构上进行分隔，因此每个区域的网络能够单独快速升级，从而把复杂的网络问题分解为小的简单问题，易于学习和操作。

2.1.2 TCP/IP 协议参考模型

TCP/IP 最早发源于 20 世纪 60 年代美国国防部的 DARPA 互联网项目。它包含了一系列构成互联网基础的网络协议。其中代表性的有两个协议：传输控制协议 TCP(Transfer Control Protocol)和互联网协议 IP(Internet Protocol)，常用 TCP/IP 协议表示系列标准。TCP/IP 协议参考模型与 OSI 参考模型十分相似，两者的对应关系如图 2-2 所示。

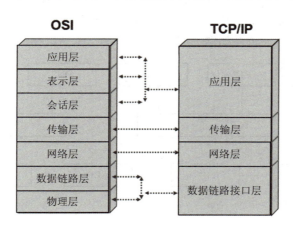

图 2-2 TCP/IP 协议参考模型与 OSI 参考模型的对应关系

与 OSI 参考模型一样，TCP/IP 协议也分为不同的层次，每一层负责不同的通信功能。但是，TCP/IP 参考模型简化了层次设计，只有四层：应用层、传输层、网络层、数据链路接口层。从图 2-2 中可以看出，TCP/IP 协议参考模型与 OSI 参考模型有着清晰的对应关系，覆盖了 OSI 参考模型的所有层次。

1. 各层常用协议

1）数据链路接口层

数据链路接口层涉及在通信信道上传输的原始比特流，它实现了传输数据所需要的机械、电气、功能及规程等特性，提供检错、纠错、同步等措施，使之对网络层呈现为一条无错线路，并进行流量调控。

2）网络层

网络层负责检查网络拓扑，以决定传输报文的最佳路由，并执行数据转发。其关键问题是确定数据包从源端到目的端如何选择路由。网络层的主要协议有 IP、ICMP（Internet Control Message Protocol，互联网控制报文协议）、IGMP（Internet Group Management Protocol，互联网组管理协议）、ARP（Address Resolution Protocol，地址解析协议）、RARP（Reverse Address Resolution Protocol，反向地址解析协议）等。

3）传输层

传输层的基本功能是为两台主机间的应用程序提供端到端的通信。传输层从应用层接收数据，并且在必要的时候把它分成较小的单元传递给网络层，并确保到达对方的各段信息正确无误。传输层的主要协议有 TCP 和 UDP（User Datagram Protocol，用户数据报协议）。

4）应用层

应用层负责处理特定的应用程序细节。应用层显示接收到的信息，把用户的数据发送到低层，为应用软件提供网络接口。应用层包含大量常用的应用程序，例如 HTTP（Hypertext Transfer Protocol，超文本传输协议）、Telnet（远程登录）、FTP（File Transfer Protocol，文件传输协议）、TFTP（Trivial File Transfer Protocol，简单文件传输协议）等。

TCP/IP 各层协议对应关系如图 2-3 所示。

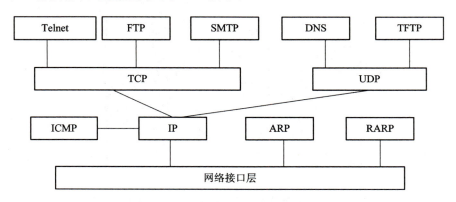

图 2-3 TCP/IP 各层协议对应关系

2. 各层协议的数据封装格式

1）IP 协议

IP 是 TCP/IP 协议族中最为核心的协议，处于网络层。IP 协议是尽力传输的网络协议，其提供的数据传送服务是不可靠的、无连接的。IP 协议不关心数据包的内容，不能保证数据包是否成功到达目的地，也不关心任何关于前后数据包的状态信息。面向连接的可靠服务由上层的 TCP 协议实现。所有的 TCP、UDP、ICMP、IGMP 等数据最终都封装在 IP 报文中传输。

IP 报文的格式如图 2-4 所示。普通的 IP 报文首部长为 20 字节，不包含选项字段。

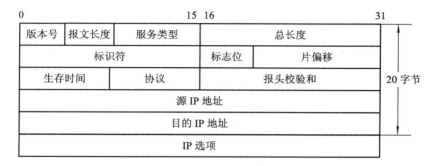

图 2-4　IP 报文的格式

IP 报文中各字段含义如下：

版本号（Version）：标明了 IP 协议的版本号，目前的协议版本号为 4。下一代 IP 协议的版本号为 6。

报文长度：指 IP 报头部长度，占 4 位。

服务类型（TOS，Type Of Service）：包括一个 3 位的优先权字段（COS，Class Of Service），4 位 TOS 字段和 1 位未用位。4 位 TOS 分别代表最小时延、最大吞吐量、最高可靠性和最小费用。

总长度（Total length）：整个 IP 数据报长度。字段长 16 比特，数据报最长可达 65 535 字节。

标识符（Identification）：唯一地标识主机发送的每一份数据报。当每发送一份报文时，它的值就会加 1。

标志位：占 3 比特，是多种控制位。

片偏移：表明这个分片是属于这个数据流的哪里。

生存时间（TTL，Time To Live）：设置了数据包可以经过的路由器数目。一旦经过一个路由器，TTL 值就会减 1，当该字段值为 0 时，数据包将被丢弃。

协议：确定在数据包内传送的上层协议，和端口号类似，IP 协议用协议号区分上层协议。TCP 协议的协议号为 6，UDP 协议的协议号为 17。

报头校验和（Head checksum）：计算 IP 头部的校验和，检查报文头部的完整性。

2）UDP 协议

UDP 是一个简单的、面向数据报的传输层协议。UDP 协议不提供可靠性，它把应用程序传给 IP 层的数据发送出去，但是并不保证它们能到达目的地。UDP 报文的格式简单，如图 2-5 所示，只有源端口号、目的端口号、长度、校验和、数据字段。

源端口号（Source port）和目的端口号（Destination port）：用于标识和区分源设备和目的端设备的应用进程。TCP 端口号与 UDP 端口号是相互独立的。如果 TCP 和 UDP 同

图 2-5 UDP 报文的格式

时提供某种服务,则两个协议通常选择相同的端口号。

UDP 长度:表明整个 UDP 报文的长度,即 UDP 首部和 UDP 数据的字节长度。该字段的最小值为 8 字节(发送一份 0 字节的 UDP 数据报是允许的)。这个 UDP 长度是有冗余的。IP 数据报长度指的是数据报全长,因此 UDP 数据报长度是全长减去 IP 首部的长度。

校验和(checksum):用于校验 UDP 报头部分和数据部分的正确性,如果有差错则直接丢弃该 UDP 报文。

TCP 协议和 UDP 协议使用 16 bit 端口号(或者 socket)来表示和区别网络中的不同应用程序,IP 协议使用特定的协议号(TCP 6,UDP 17)来表示和区别传输层协议。

任何 TCP/IP 实现所提供的服务都是 1~1023 之间的端口号,这些端口号由 IANA (Internet Assigned Numbers Authority,Internet 号码分配机构)分配管理。其中,低于 255 的端口号保留用于公共应用;255~1023 的端口号分配给各个公司,用于特殊应用;高于 1023 的端口号称为临时端口号,IANA 未作规定。

常用的 TCP 端口号有 HTTP 80、FTP 20/21、Telnet 23、SMTP 25、DNS53 等;常用的保留 UDP 端口号有 DNS 53、BootP 67(server)/68(client)、TFTP 69、SNMP 161 等。

3) TCP 协议

TCP 是一种基于连接、面向字节流的协议,可以保证端到端数据通信的可靠性。TCP 报文封装如图 2-6(a)所示。TCP 报文的格式如图 2-6(b)所示。

源端口号(Source port)和目的端口号(Destination port):用于标识和区分源端设备和目的端设备的应用进程。在 TCP/IP 协议栈中,源端口号和目的端口号分别与源 IP 地址和目的 IP 地址组成套接字(socket),唯一地确定一条 TCP 连接。

序列号(Sequence number):用来标识 TCP 源端设备向目的端设备发送的字节流,它表示在这个报文中的第一个数据字节。如果将字节流看作在两个应用程序间的单向流动,则 TCP 用序列号对每个字节进行计数。序列号是一个 32 bit 的数字。

确认号:既然每个传输的字节都被计数,确认号(Acknowledgement number,32 bit)包含发送确认的一端所期望接收到的下一个序号,因此,确认号应该是上次已成功收到的数据字节序列号加 1。

头长度:TCP 头长 4 比特,单位为 4 字节(注意:TCP 头包括选项)。该字段仅 4 bit,则可知 TCP 头最大长度为 15×4=60 字节。

U 字段:表示 URG 紧急指针(Urgent pointer)有效。

A 字段:表示 ACK 确认号有效。

P 字段:表示 PSH 接收方应该尽快将这个报文交给应用层。

R 字段:表示 RST 重建连接。

S 字段:SYN 同步序号用来发起一个连接,一般在建立连接时使用。

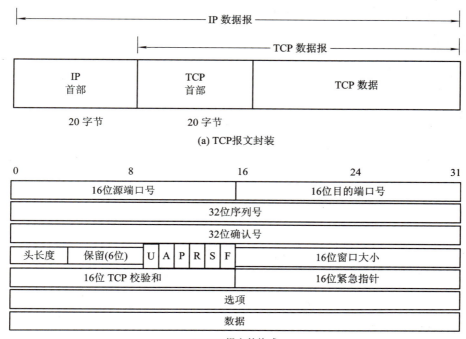

(a) TCP报文封装

(b) TCP报文的格式

图 2 - 6　TCP 报文

F 字段：表示 FIN 发端完成发送任务，断开连接时使用。

窗口大小：TCP 的流量控制由连接的每一端通过声明的窗口大小(Windows size)来提供。窗口大小用数据包来表示，例如 Windows size＝3，表示一次可以发送三个数据包。窗口大小起始于确认字段指明的值，是一个 16 bit 字段。窗口大小可以调节。

紧急指针(Urgent pointer)：只有当 URG 标志置 1 时才有效。紧急指针是一个正的偏移量，和序列号字段中的值相加表示紧急数据最后一个字节的序号。TCP 的紧急方式在发送端向另一端发送紧急数据时采用，通知接收方紧急数据已放置在普通的数据流中。

校验和(Checksum)：用于校验 TCP 报头部分和数据部分的正确性。

选项(可变长度)：最常见的选项字段是 MSS(Maximum Segment Size)。MSS 指明了本端所能够接收的最大长度的报文。常见的 MSS 有 1024(以太网可达 1460 字节)字节。

4）ARP/RARP 协议

ARP 协议主要用于实现 IP 地址与 MAC 地址之间的动态映射。在局域网中，当主机或其他网络设备有数据要发送给另一个设备时，先要知道对方的 IP 地址，但仅仅有 IP 地址还不够，IP 数据报文必须封装成帧才能通过物理网络发送，因此需要一个从 IP 地址到物理地址的映射。

RARP 协议主要用于实现 MAC 地址到 IP 地址的映射。RARP 常用于 X 终端和无盘工作站等，这些设备知道自己的 MAC 地址，需要获得 IP 地址。为了使 RARP 能工作，局域网上至少要有一个主机充当 RARP 服务器。

5）ICMP 协议

ICMP 协议是网络层的一个组成部分，用于传递差错报文以及其他需要注意的信息。

ICMP 报文通常被网络层或更高层协议(TCP/UDP)使用。一些 ICMP 报文会把差错报文返回给用户进程。

　　ICMP 报文使用基本的 IP 报头(即 20 字节)。ICMP 报文封装在 IP 报文中,数据报的前 64 bit 数据表示 ICMP 报文,因此 ICMP 报文实际是 IP 报文加上该数据报的前 64 bit 数据。ICMP 报文的基本格式由 Type、Code、Checksum 和 Unused 字段组成。

3. TCP/IP 工作原理

　　TCP/IP 的工作原理就是其数据流封装的过程,如图 2-7 所示。

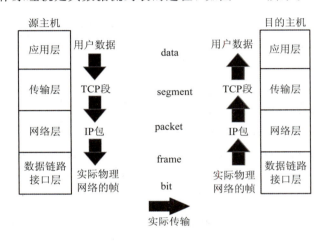

图 2-7　TCP/IP 数据流封装的过程

TCP/IP 工作过程如下:

　　(1) 在源主机上,应用层将一串应用数据流传送给传输层。

　　(2) 传输层将应用层的数据流截成分组,并加上 TCP 报头形成 TCP 段,送交网络层。

　　(3) 在网络层给 TCP 段加上包括源、目的主机 IP 地址的 IP 报头,生成一个 IP 数据包,并将 IP 数据包送交数据链路接口层。

　　(4) 数据链路接口层在其 MAC 帧的数据部分装上 IP 数据包,再加上源、目的主机的 MAC 地址和帧头,并根据其目的 MAC 地址,将 MAC 帧发往目的主机或 IP 路由器。

　　(5) 在目的主机,数据链路接口层将 MAC 帧的帧头去掉,并将 IP 数据包送交网络层。

　　(6) 网络层检查 IP 报头,如果报头中校验和与计算结果不一致,则丢弃该 IP 数据包;若校验和与计算结果一致,则去掉 IP 报头,将 TCP 段送交传输层。

　　(7) 传输层检查顺序号,判断是否是正确的 TCP 分组,然后检查 TCP 报头数据。若正确,则向源主机发确认信息;若不正确或丢包,则要求源主机重发信息。

　　(8) 在目的主机,传输层去掉 TCP 报头,将排好顺序的分组组成应用数据流送给应用层。这样目的主机接收到的来自源主机的字节流,就像是直接接收来自源主机的字节流一样。

2.1.3　IP 编址

　　网络连接要求设备必须有一个全球唯一的 IP 地址(IP Address)。IP 地址为逻辑地址,它与链路类型、设备硬件无关，是由管理员人为分配指定的。而数据链路接口层的物理地址——MAC 地址则是全球唯一的。当有数据发送时，源网络设备查询对端设备的 MAC 地址，然后将数据发送过去。然而，MAC 地址通常没有清晰的地址层次，只适合于本网段主机的通信，另外，MAC 地址固化在硬件中，灵活性较差。对于不同网络之间的互联通信，通常使用基于软件实现的网络层地址——IP 地址来通信，以提供更大的灵活性。

1. IP 地址的格式及表示方法

在计算机内部，IP 地址是用二进制表示的，共 32 位。例如：11000000 10101000 00000101 01111011。

然而，使用二进制表示法不方便记忆，因此通常采用点分十进制方式表示，即把 32 位的 IP 地址分成 4 段，每 8 个二进制位为一段，每段二进制分别转换为人们习惯的十进制数，并用点隔开。这样，IP 地址就表示为以小数点隔开的 4 个十进制整数，如 192.168.2.1。

2. IP 地址的分类

如何区分 IP 地址的网络地址和主机地址呢？最初互联网设计者根据网络规模的大小规定了地址类，把 IP 地址分为 A、B、C、D、E 五类，如图 2-8 所示。

图 2-8　IP 地址的分类

A 类地址的网络地址为第一个 8 位数组(octet)，第一个字节以"0"开始，因此，A 类网络地址的有效位数为 8−1＝7 位，A 类网络地址的第一个字节在 1～126 之间（127 留作他用）。例如 10.1.1.1、126.2.4.78 等为 A 类地址。A 类地址的主机地址位数为后面的 3 个字节 24 位。A 类地址的范围为 1.0.0.0～126.255.255.255，每一个 A 类网络共有 2^{24} 个 A 类 IP 地址。

B 类地址的网络地址为前两个 8 位数组(octet)，第一个字节以"10"开始，因此，B 类网络地址的有效位数为 16−2＝14 位，B 类网络地址的第一个字节在 128～191 之间。例如 128.1.1.1、168.2.4.78 等为 B 类地址。B 类地址的主机地址位数为后面的 2 个字节 16 位。

B类地址的范围为 128.0.0.0～191.255.255.255，每一个 B 类网络共有 2^{16} 个 B 类 IP 地址。

C类地址的网络地址为前三个 8 位数组(octet)，第一个字节以"110"开始，因此，C 类网络地址的有效位数为 24－3＝21 位，C 类网络地址的第一个字节在 192～223 之间。例如 192.1.1.1、220.2.4.78 等为 C 类地址。C 类地址的主机地址位数为后面的一个字节 8 位。C类地址的范围为 192.0.0.0～223.255.255.255，每一个 C 类网络共有 2^8 个 C 类 IP 地址。

D类地址第一个 8 位数组以"1110"开头，因此，D 类地址的第一个字节在 224～239 之间。D类地址通常作为组播地址。

E类地址第一个字节在 240～255 之间，主要用于科学研究。

实践中经常用到的是 A、B、C 三类地址。IP 地址由国际网络信息中心组织(InterNIC，International Network Information Center)根据公司规模大小进行分配。过去通常把 A 类地址保留给政府机构，B 类地址分配给中等规模的公司，C 类地址分配给小单位。然而，随着互联网的飞速发展，再加上 IP 地址的浪费，IP 地址已经非常紧张。

IP地址用于唯一地标识一台网络设备，但并不是每一个 IP 地址都是可用的，一些特殊的 IP 地址被用于其他各种各样的用途，不能用于标识网络设备，如表 2－1 所示。

表 2－1　特殊用途的 IP 地址

网络部分	主机部分	地址类型	用　　途
Any	全"0"	网络地址	代表一个网段
Any	全"1"	广播地址	特定网段的所有节点
127	Any	环回地址	环回测试
全"0"		所有网络	路由器用于指定默认路由
全"1"		广播地址	本网段所有节点

主机部分全为"1"的 IP 地址称为广播地址，广播地址用于标识一个网络的所有主机，例如 10.255.255.255、192.168.1.255 等。路由器可以在 10.0.0.0 或者 192.168.1.0 等网段转发广播包，广播地址用于向本网段的所有节点发送数据包。

对于网络部分为 127 的 IP 地址，例如 127.0.0.1，往往用于环回测试。

全"0"的 IP 地址 0.0.0.0 代表所有的主机。

全"1"的 IP 地址 255.255.255.255，也是广播地址，但 255.255.255.255 代表所有主机，用于向网络中的所有节点发送数据包。这样的广播不能被路由器转发。

3. 子网划分

早期的 Internet 是一个简单的二级网络结构。接入 Internet 的机构由一个物理网络构成，该物理网络包括机构中需要接入 Internet 的全部主机。自然分类法将 IP 地址划分为 A、B、C、D、E 五类。每个 32 位的 IP 地址都被划分为由网络号和主机号构成的二级结构。为每个机构分配一个 Internet 网络地址，能够很好地适应并满足当时的网络结构。但随着时间的推移，网络计算逐渐成熟，网络的优势也被许多大型组织所认知，于是 Internet 中出现了很多大型的接入机构。这些机构中需要接入的主机数量众多，而单一物理网络容纳主机的数量有限，因此在同一机构内部需要划分出多个物理网络。早期解决这类大型机构接入 Internet 的方法是为机构内的每一个物理网络划分一个逻辑网络，即给每一个物理网络都分配一个按照自然分类法得到的 Internet 网络地址，但这种"物理网络—自然分类 IP 网段"对应的分配方法存在以下严重问题。

(1) IP 地址资源浪费严重。举例来说，一个公司只有 1 个物理网络，需要 300 个 IP 地址。一个 C 类地址能提供 254 个主机 IP 地址，不能满足需要，因此需要使用一个 B 类地址。而 1 个 B 类网络能提供 65 534 个 IP 地址，这样网络中的地址得不到充分利用，大量的 IP 地址被浪费。

(2) IP 网络数量不敷使用。举例来说，一个公司拥有 100 个物理网络，每个网络只需要 10 个 IP 地址。虽然需要的地址量仅有 1000 个，但该公司仍然需要 100 个 C 类网络。很多机构都面临类似问题，其结果是，在 IP 地址被大量浪费的同时，IP 网络数量却不能满足 Internet 的发展需要。

(3) 业务扩展缺乏灵活性。例如，一个公司拥有 1 个 C 类网络，其中只有 10 个地址被使用。如需要增加一个物理网络，就需要向 IANA 申请一个新的 C 类网络，在得到这个合法的 Internet 网络地址前，他们就无法部署这个网络接入 Internet。这显然无法满足企业发展的灵活性需求。

综上所述，仅依靠自然分类法对 IP 地址进行简单的两级划分，无法应对 Internet 的爆炸式增长。

4. IP 子网及子网掩码

20 世纪 80 年代中期，IETF 在 RFC 950 和 RFC 917 中针对由简单的两级结构 IP 地址所带来的日趋严重的问题提出了解决方法。这个方法称为子网划分(Subnetting)，即允许将一个自然分类法得到的网络分解为多个子网(Subnet)。

如图 2-9 所示，划分子网的方法是从 IP 地址的主机号(host-number)部分借用若干位作为子网号(subnet-number)，剩余的位作为主机号(host-number)。于是两级 IP 地址就变为三级 IP 地址，包括网络号(network-number)、子网号(subnet-number)和主机号(host-number)。这样，拥有多个物理网络的机构可以将所属的物理网络划分为若干个子网。

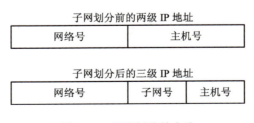

图 2-9 子网划分的方法

子网划分是一个机构的内部事务。外部网络可以不必了解机构内由多少个子网组成，因为这个机构对外仍可以表现为一个没有划分子网的网络。从其他网络发送给本机构某个主机的数据，仍然可以根据原来的选路规则发送到本机构连接外部网络的路由器上。此路由器接收到 IP 数据包后，再按网络号及子网号找到目的子网，将 IP 数据包交付给目的主机。这要求路由器具备识别子网的能力。子网划分使得 IP 网络和 IP 地址出现多层次结构，这种结构便于地址的有效利用、分配和管理。

只根据 IP 地址本身无法确定子网号的长度。为了把主机号和子网号区分开，就必须使用子网掩码(subnet mask)。子网掩码和 IP 地址一样，长度都是 32 位，由一串二进制 1 和一串跟随的二进制 0 组成。子网掩码可以用点分十进制表示。子网掩码中的 1 对应于 IP 地址中的网络号和子网号，子网掩码中的 0 对应于 IP 地址中的主机号。将子网掩码和 IP 地址逐位进行逻辑与运算，就能得出该 IP 地址的子网地址。事实上，所有网络都必须有一个掩码(address mask)。如果一个网络没有划分子网，那么该网络使用默认掩码：

A 类地址的默认掩码为 255.0.0.0；

B 类地址的默认掩码为 255.255.0.0；

C 类地址的默认掩码为 255.255.255.0。

将默认子网掩码和不划分子网的 IP 地址逐位进行逻辑与运算，就能得出该 IP 地址的网络地址。需要注意的是，IP 子网划分并不会改变自然分类地址的规定。例如：一个 IP 地址为 2.1.1.1，其子网掩码为 255.255.255.0，这仍然是一个 A 类地址，而并非 C 类地址。习惯上一个子网掩码的表示方法有以下两种。

(1) 点分十进制表示法：与 IP 地址类似，将二进制的子网掩码划分为点分十进制形式。例如：C 类地址默认子网掩码 11111111 11111111 11111111 00000000 可以表示为 255.255.255.0。

(2) 位数表示法：也称为斜线表示法，即在 IP 地址后面加上一个斜线"/"，然后写上子网掩码中二进制 1 的位数。例如：C 类地址默认子网掩码 11111111 11111111 11111111 00000000 可以表示为/24。

例如：IP 地址 192.168.1.7 的子网掩码可表示为 255.255.255.240，也可表示为 192.168.1.7/28，如图 2-10 所示。

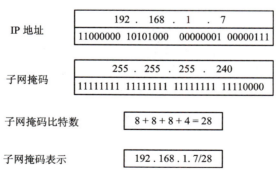

图 2-10　子网掩码的表示方法

5. 子网划分的方法

由于子网的出现，使得原本简单的 IP 地址规划和分配工作变得复杂起来。要进行子网的划分，首先要计算子网内的可用主机数。

这是子网划分计算中比较简单的一类问题，与计算 A、B、C 三类网络可用主机数的方法相同。如果子网的主机号位数为 N，那么该子网中可用的主机数目为 2^N-2 个，减 2 是因为有两个主机地址不可用，即主机号为全 0 和全 1。当主机号为全 0 时，表示该子网的网络地址；当主机号为全 1 时，表示该子网的广播地址。

例如：已知一个 C 类网络划分子网后为 192.168.1.224，子网掩码为 255.255.255.240，计算该子网内可供分配的主机地址数量。

要计算可供分配的主机数量，就必须要知道主机号的位数。计算过程如下：

① 计算掩码的位数。将十进制掩码 255.255.255.240 换算成二进制 11111111.11111111.11111111.11110000，掩码的位数是 28。

② 计算主机号位数。主机号位数 N＝32－28＝4。

③ 计算主机数。该子网内可用的主机数量为 $2^4-2=14$ 个。

这 14 台主机可用的主机地址分别是 192.168.1.225、192.168.1.226、192.168.1.227、…、192.168.1.238。其中 192.168.1.224 为整个子网的网络地址，而 192.168.1.239 为整个子网的广播地址，都不能分配给主机使用。

1）根据主机地址数划分子网

在子网划分计算中，有时需要在已知每个子网内需要容纳的主机数量的前提下来划分子网。要想知道如何划分子网，就必须知道划分子网后的子网掩码，那么该问题就变成了求子网掩码。此类问题的计算方法总结如下：

（1）计算网络中主机号位数：假设每个子网内需要划分出 Y 个 IP 地址，当 Y 满足公式 $2^N \geqslant Y+2 \geqslant 2^{N-1}$ 时，N 就是主机号位数。其中 Y＋2 是因为需要考虑主机号为全 0 和全 1 的情况。这个公式也存在这样的含义：在主机数量符合要求的情况下，能够划分更多的子网。

（2）计算子网掩码的位数：计算出主机号位数 N 后，可得出子网掩码的位数为 32－N。

（3）根据子网掩码的位数计算出子网号位数 M，该子网就有 2^M 种划分方法，也可以理解为根据子网位数计算子网个数的公式为：子网个数＝2^M，其中 M 为子网号位数。

例如：要将一个 C 类网络 192.168.1.0 划分成若干个子网，要求每个子网的主机数为 62 台，计算过程如下：

① 根据子网划分要求，每个子网的主机地址数量为 62。

② 计算网络主机号：根据公式 $2^N \geqslant Y+2 \geqslant 2^{N-1}$，计算出 N＝6。

③ 计算子网掩码的位数：子网掩码位数为 32－6＝26，子网掩码为 255.255.255.192。

根据子网掩码位数得知子网号位数为 6，划分后子网掩码 255.255.255.192，子网数为 4 个。每个子网的可用主机数为 62。

每个子网的具体信息如下：

A 子网：网络地址为 192.168.1.0；开始 IP 为 192.168.1.1；结束 IP 为 192.168.1.62；广播地址为 192.168.1.63。

B 子网：网络地址为 192.168.1.64；开始 IP 为 192.168.1.65；结束 IP 为 192.168.1.126；广播地址为 192.168.1.127。

C 子网：网络地址为 192.168.1.128；开始 IP 为 192.168.1.129；结束 IP 为 192.168.1.190；广播地址为 192.168.1.191。

D 子网：网络地址为 192.168.1.192；开始 IP 为 192.168.1.193；结束 IP 为 192.168.1.254；

广播地址为 192.168.1.255。

2）根据子网数划分子网

在子网划分计算中，有时要在已知需要划分子网数的前提下来划分子网。当然，这类问题的前提是每个子网需要包括尽可能多的主机，否则该子网划分就没有意义了。因为，如果不要求子网包括尽可能多的主机，那么子网号位数可以随意划分得很大，这样就浪费了大量的主机地址。

比如，将一个 B 类地址 172.16.0.0 划分成 10 个子网，那么子网号位数应该是 4，子网掩码为 255.255.240.0。如果不考虑子网包括尽可能多的主机，子网号位数可以随意划分成 5、6、7、…、14，这样的话，主机号位数就变成 11、10、9、…、2，可用主机地址就大大减少了。同样，划分子网就必须知道划分子网后的子网掩码，需要计算子网掩码。此类问题的计算方法总结如下：

（1）计算子网号位数。假设需要划分 X 个子网，每个子网包括尽可能多的主机地址。那么当 X 满足公式 $2^M \geqslant X \geqslant 2^{M-1}$ 时，M 就是子网号位数。

（2）由子网号位数计算出网络掩码并划分子网。

例如：需要将 B 类网络 172.16.0.0 划分成 30 个子网，要求每个子网包括尽可能多的主机。计算过程如下：

① 按照例子中的子网规划需求，需要划分的子网数 $X = 30$。

② 计算子网号位数。根据公式 $2^M \geqslant X \geqslant 2^{M-1}$，计算出 $M = 5$。

③ 计算子网掩码。子网掩码位数为 $16 + 5 = 21$，子网掩码为 255.255.248.0。

④ 由于子网号位数为 5，因此该 B 类网络 172.16.0.0 总共能划分成 $2^5 = 32$ 个子网。这些子网分别是 172.16.0.0、172.16.8.0、172.16.16.0、…、172.16.248.0，任意取其中的 30 个即可满足需求。

6. VLSM 和 CIDR

1）变长子网掩码 VLSM

变长子网掩码（VLSM，Variable Length Subnet Masking）是相对于不同类的 IP 地址来说的。A 类地址的第一段是网络号（前 8 位），B 类地址的前两段是网络号（前 16 位），C 类地址的前三段是网络号（前 24 位）。而 VLSM 的作用就是从不同类的 IP 地址的主机号部分借出相应的位数来作网络号，也就是增加网络号的位数。各类网络可以借出的位数为：A 类有 24 位，B 类有 16 位，C 类有 8 位（可以再划分子网的位数就是主机号的位数。但实际上主机号不可以都借出去，因为 IP 地址中必须要有主机号部分，而且主机号部分只有一位是没有意义的，所以实际可以借的位数是上述数字减去 2，借的位作为子网部分）。

这是一种产生不同大小子网的网络分配机制，指一个网络可以配置不同的掩码。最初开发变长子网掩码的想法就是在每个子网上保留足够主机数的同时，把一个子网进一步分成多个小子网，使其具有更大的灵活性。如果没有 VLSM，一个子网掩码只能提供给一个网络，这样就限制了子网数上的主机数。另外，VLSM 是基于比特位的，而类网络是基于 8 位组的。

在实际工程实践中，能够进一步将网络划分成三级或更多级子网，同时，能够考虑使用全 0 和全 1 子网以节省网络地址空间。某局域网上使用了 27 位的掩码，则每个子网可以支持 30 台主机($2^5-2=30$)；而对于 WAN 连接而言，每个连接只需要 2 个地址，理想的方案是使用 30 位掩码($2^5-2=30$)，然而与主类别网络相同掩码的约束相同，WAN 之间也必须使用 27 位掩码，这样就浪费了 28 个地址。

2）无类域间路由 CIDR

定长子网划分或变长子网划分的方法，在一定程度上解决了 Internet 在发展中遇到的困难。但 Internet 仍然面临三个必须尽早解决的问题：

（1）B 类地址在 1992 年已经分配了将近一半，已经全部分配完毕。

（2）Internet 主干网路由表中的路由条目数急剧增长，从几千个增加到几万个。

（3）IPv4 地址耗尽。

IETF 很快就研究出无分类编址的方法来解决前两个问题，而第三个问题由 IETF 的 IPv6 工作组负责研究。无类域间路由 CIDR（Classless Inter-Domain Routing）是在 VLSM 基础上研究出来的，现在已经成为标准协议。

CIDR 不再使用"子网地址"或"网络地址"的概念，而使用"网络前缀（network-prefix）"这个概念。网络前缀不同于 8 位、16 位、24 位长度的自然分类网络号，它可以有各种前缀长度，有其相应的掩码标识。

CIDR 前缀既可以是一个自然分类网络地址，也可以是一个子网地址，还可以是由多个自然分类网络聚合而成的"超网"地址。所谓超网，就是利用较短的网络前缀将多个使用较长网络前缀的小网络聚合为一个或多个较大的网络。

例如，某机构拥有 2 个 C 类网络 200.1.2.0 和 200.1.3.0，而其需要在一个网络内部署 500 台主机，那么可以通过 CIDR 的超网化将这 2 个 C 类网络聚合为一个更大的超网 200.1.2.0，掩码为 255.255.254.0。

例如，一个 ISP 被分配了一些 C 类网络：198.168.0.0～198.168.255.0。这个 ISP 准备把这些 C 类网络分配给各个用户群，目前已经分配了三个 C 类网段给用户。如果没有实施 CIDR 技术，ISP 路由器的路由表中会有三条下联网段的路由条目，并且会把它通告给 Internet 上的路由器。通过实施 CIDR 技术，可以在 ISP 的路由器上把这三条网段 198.168.1.0、198.168.2.0、198.168.3.0 汇聚成一条路由 198.168.0.0/16，这样 ISP 路由器只用向 Internet 通告 198.168.0.0/16 这一条路由，大大减少了路由表的数目。

2.2 以太网的基本工作原理

2.2.1 以太网的发展历史

以太网是 ETHERNET 的中文译名，是世界上应用最广泛、最为常见的网络技术之一。在不涉及网络协议的细节时，有人把 802.3 局域网简称为以太网，它是一种基带总线局域网。

以太网的发展历史如图 2-11 所示。

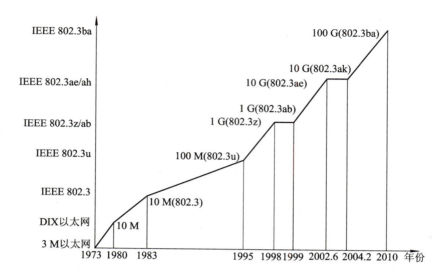

图 2－11　以太网的发展历史

1973 年，美国斯乐(Xerox)公司的 Palo Alto 研究中心(简称为 PARC)开始开发以太网，并于 1975 年研制成功，当时的数据传输速率为 2.94 Mb/s。它以无源电缆作为总线来传送数据帧，并以曾经在历史上表示传播电磁波的以太(Ether)来命名。

1979 年，Xerox、Intel 和 DEC 公司正式发布了世界上第一个局域网产品的规约 DIX (DIX 是这三个公司名的缩写)，这个标准后来就成为 IEEE 802.3 标准的基础。

1980 年，IEEE 成立了 802.3 工作组。

1983 年，IEEE 802.3 标准正式发布。初期的以太网是基于同轴电缆的，到 80 年代末期，基于双绞线的以太网完成了标准化工作，即通常所说的 10BASE-T。第一个 IEEE 802.3 标准通过并正式发布。

1986 年，IEEE 802.3 发布 10BASE-2 细缆以太网标准。

1990 年，基于双绞线介质的 10BASE-T 标准和 IEEE 802.1D 网桥标准发布。LAN 交换机出现，逐步淘汰共享式以太网。

1997 年，通过 100BASE-T 标准 802.3u(快速以太网)，把以太网带宽扩大到 100 Mb/s，可以支持 3、4、5 类双绞线和光纤，开启以太网大规模应用的新时代。

1997 年，全双工以太网(IEEE 97)出现。

1998 年，1000 M 千兆(1G)以太网标准(IEEE 802.3z)问世。千兆以太网开始迅速发展。

1999 年，铜缆吉比特标准(IEEE 802.3ab)发布。

2002 年，10GE 以太网标准(IEEE 802.3ae)发布。

2003 年，以太网线供电标准 802.3af 诞生。

2004 年，同轴电缆万兆标准 802.3ak 发布。

2006 年，非屏蔽双绞线万兆标准 802.3an 通过。

2010 年，40/100 G 标准 802.3ba 问世，同年节能以太网标准 802.3az 通过。

2011 年，40 G 以太网标准 802.3az 通过，同年 100 G 以太网背板、铜缆标准 802.3bj 开始研究。

2013 年，400 G 以太网标准工作组成立。

2.2.2　以太网的分类与标准

以太网通常是指基带局域网。以太网技术经过 50 多年的发展，应用已非常普及，也成为局域网的事实标准。

以太网的标准众多，大体上可以分为标准以太网、快速以太网、千兆以太网、万兆以太网和下一代以太网。

1. 标准以太网

以太网刚提出时，只有 10 Mb/s 的吞吐量，使用的是带有冲突检测的载波侦听多路访问(CSMA/CD，Carrier Sense Multiple Access/Collision Detection)的访问控制方法，这种早期的 10 Mb/s 以太网称为标准以太网。以太网可以使用粗同轴电缆、细同轴电缆、非屏蔽双绞线、屏蔽双绞线、光纤等多种传输介质进行连接，并且在 IEEE 802.3 标准中，为不同的传输介质制定了不同的物理层标准，在这些标准中前面的数字表示传输速度，单位为"Mb/s"，最后一个数字表示单段网线长度(基准单位是 100 m)，Base 表示"基带"，Broad 代表"宽带"。

10Base-5 使用直径为 0.4 英寸、阻抗为 50 Ω 的粗同轴电缆，也称粗缆以太网，最大网段长度为 500 m，采用基带传输方法，拓扑结构为总线型。10Base-5 组网主要的硬件设备有：粗同轴电缆、带有 AUI 插口的以太网卡、中继器、收发器、收发器电缆、终结器等。

10Base-2 使用直径为 0.2 英寸、阻抗为 50 Ω 的细同轴电缆，也称细缆以太网，最大网段长度为 185 m，采用基带传输方法，拓扑结构为总线型。10Base-2 组网的主要硬件设备有：细同轴电缆、带有 BNC 插口的以太网卡、中继器、T 型连接器、终结器等。

10Base-T 使用双绞线电缆，最大网段长度为 100 m，拓扑结构为星型。10Base-T 组网的主要硬件设备有：3 类或 5 类非屏蔽双绞线、带有 RJ-45 插口的以太网卡、集线器、交换机、RJ-45 插头等。

2. 快速以太网

随着网络的发展，传统标准的以太网技术已难以满足日益增长的网络数据流量速度的需求。快速以太网技术出现后，IEEE 802 工程组规范了 100 Mb/s 以太网的各种标准，如100Base-TX、100Base-FX、100Base-T4 等。快速以太网技术可以支持 3、4、5 类双绞线以及光纤的连接，能有效地利用现有的设施。其不足之处是仍然基于 CSMA/CD 技术，当网络负载较重时，会造成效率的降低。

100Base-TX 是一种使用 5 类无屏蔽双绞线或屏蔽双绞线的快速以太网技术。在传输中使用 4B/5B 编码方式，信号频率为 125 MHz。符合 EIA586 的 5 类布线标准和 IBM 的 SPT 1 类布线标准，使用与 10Base-T 相同的 RJ-45 连接器。它的最大网段长度为 100 m，并支持全双工的数据传输。

100Base-FX 是一种使用光缆的快速以太网技术，可使用单模和多模光纤($62.5\ \mu m$ 和 $125\ \mu m$)。多模光纤连接的最大距离为 550 m。单模光纤连接的最大距离为 3000 m。在传输中使用 4B/5B 编码方式，信号频率为 125 MHz。它使用 MIC/FDDI 连接器、ST 连接器或

SC 连接器,最大网段长度为 150 m、412 m、2000 m,更长至 10 km,这与所使用的光纤类型和工作模式有关,并支持全双工的数据传输。100Base-FX 特别适用于有电气干扰的环境、较大距离连接或高保密环境等情况。

100Base-T4 是一种可使用 3、4、5 类无屏蔽双绞线或屏蔽双绞线的快速以太网技术。100Base-T4 使用 4 对双绞线,其中 3 对用于在 33 MHz 的频率上传输数据,每一对均工作于半双工模式,第 4 对用于 CSMA/CD 冲突检测。在传输中使用 8B/6T 编码方式,信号频率为 25 MHz,符合 EIA586 结构化布线标准。它使用与 10Base-T 相同的 RJ-45 连接器,最大网段长度为 100 m。

3. 千兆以太网

千兆以太网技术继承了传统以太技术价格便宜的优点,采用了与 10 M 以太网相同的帧格式、帧结构、网络协议、全/半双工工作方式、流控模式以及布线系统,可与 10 M 或 100 M 的以太网很好地配合工作。升级到千兆以太网不必改变网络应用程序、网管部件和网络操作系统,能够最大程度地保护投资。此外,IEEE 标准将支持最大距离为 550 m 的多模光纤、最大距离为 70 km 的单模光纤和最大距离为 100 m 的铜轴电缆。

千兆以太网技术有两个标准:IEEE 802.3z 和 IEEE 802.3ab。IEEE 802.3z 基于光纤和短距离铜缆的 1000Base-X,采用 8B/10B 编码技术,信道传输速率为 1.25 Gb/s,去耦后可实现 1000 Mb/s 传输速率。IEEE 802.3z 具有下列千兆以太网标准:

(1) 1000Base-SX 只支持多模光纤,可以采用直径为 62.5 μm 或 50 μm 的多模光纤,工作波长为 770～860 nm,传输距离为 220～550 m。

(2) 1000Base-LX 可以支持直径为 9 μm 或 10 μm 的单模光纤,工作波长为 1270～1355 nm,传输距离为 5 km。

(3) 1000Base-CX 采用 150 Ω 屏蔽双绞线(STP),传输距离为 25 m。

IEEE 802.3ab 基于 5 类 UTP 的 1000Base-T 标准,在 5 类 UTP 上以 1000 Mb/s 的速率传输 100 m,可保护用户在 5 类 UTP 布线系统上的投资;1000Base-T 是 100Base-T 的自然扩展,与 10Base-T、100Base-T 完全兼容。

4. 万兆以太网

万兆以太网规范包含在 IEEE 802.3 标准的补充标准 IEEE 802.3ae 中,它扩展了 IEEE 802.3 协议和 MAC 规范,使其支持 10 Gb/s 的传输速率。除此之外,通过 WAN 界面子层(WIS, WAN Interface Sublayer),10 千兆位以太网也能被调整为较低的传输速率,如 9.584 640 Gb/s(OC-192),这就允许 10 千兆位以太网设备与同步光纤网络(SONET)STS-192c 的传输格式相兼容。具体标准如下:

(1) 10GBASE-LR 和 10GBASE-LW 主要支持长波(1310 nm)单模光纤(SMF),光纤距离为 2 m～10 km。

(2) 10GBASE-ER 和 10GBASE-EW 主要支持超长波(1550 nm)单模光纤(SMF),光纤距离为 2 m～40 km。

(3) 10GBASE-SR 和 10GBASE-SW 主要支持短波(850 nm)多模光纤(MMF),光纤距离为 2～300 m。

（4）10GBASE-LX4 采用波分复用技术，在单对光缆上以四倍光波长发送信号。系统运行在 1310 nm 的多模或单模暗光纤方式下。该系统的设计目标是针对 2～300 m 的多模光纤模式或 2 m～10 km 的单模光纤模式。

（5）10GBASE-ER、10GBASE-LR 和 10GBASE-SR 主要支持"暗光纤"（Dark Fiber）。暗光纤是指没有光传播并且不与任何设备连接的光纤。

（6）10GBASE-EW、10GBASE-LW 和 10GBASE-SW 主要用于连接 SONET 设备，主要应用于远程数据通信。

5. 下一代以太网

不断提升的用户访问速度和服务导致网络带宽的需求爆炸性增长，使得以太网在计算和网络应用方面面临着越来越大的带宽增长压力。在此背景下，下一代以太网应运而生。下一代以太网主要是指 40 Gb/s 和 100 Gb/s 速率的以太网技术，标准包括 802.3ba、802.3az、802.3bj 等。

2.2.3　以太网的通信原理

1. 以太网常用的传输介质

网络中各站点之间的数据传输必须依靠某种传输介质来实现。传输介质种类很多，适用于以太网的介质主要有三类：同轴电缆、双绞线和光纤。

1）同轴电缆

同轴电缆由内、外两个导体组成，且这两个导体是同轴的，所以称为同轴电缆。在同轴电缆中，内导体是一根导线，外导体是一个圆柱面，两者之间有填充物。外导体能够屏蔽外界电磁场对内导体信号的干扰。同轴电缆既可以用于基带传输，又可以用于宽带传输。基带传输时只传送一路信号，而宽带传输时则可以同时传送多路信号。用于局域网的同轴电缆都是基带同轴电缆。初期以太网一般都使用同轴电缆作为传输介质，常见的类型有以下两种。

（1）10Base-5，俗称粗缆，见图 2-12，其最大传输距离为 500 m。

图 2-12　10Base-5

（2）10Base-2，俗称细缆，见图 2-13，其最大传输距离为 185 m。

图 2-13　10Base-2

2) 双绞线

双绞线(Twisted Pair Cable) 共 8 芯, 由绞合在一起的 4 对导线组成, 见图 2 − 14。双绞线绞合可减少各导线之间的相互电磁干扰, 并具有抗外界电磁干扰的能力。双绞线电缆可以分为两类: 屏蔽型双绞线(STP)和非屏蔽型双绞线(UTP)。屏蔽型双绞线外面环绕着一圈保护层, 有效减小了影响信号传输的电磁干扰, 但相应增加了成本。而非屏蔽型双绞线没有保护层, 易受电磁干扰, 但成本较低。非屏蔽双绞线广泛用于星型拓扑的结构以太网。

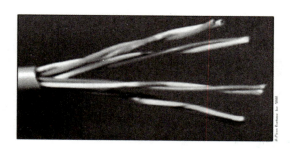

图 2 − 14   双绞线

双绞线的优势在于它使用了电信工业中已经比较成熟的技术, 因此, 对系统的建立和维护都要容易得多。在不需要较强抗干扰能力的环境中, 选择双绞线, 特别是非屏蔽型双绞线, 既利于安装, 又节省了成本, 所以非屏蔽型双绞线是办公环境下网络介质的首选。但双绞线也有其缺点, 其最大的问题在于抗干扰能力不强, 特别是非屏蔽型双绞线。

双绞线根据线径、缠绕率等指标, 又可分为以下几种。

(1) CAT-1: 曾用于早期语音传输, 未被 TIA/EIA 承认。

(2) CAT-2: 未被 TIA/EIA 承认, 常用于 4 Mb/s 的令牌环网络。

(3) CAT-3: TIA/EIA-568-B 认定标准, 目前只应用于语音传输。

(4) CAT-4: 未被 TIA/EIA 承认, 常用于 16 Mb/s 的令牌环网络。

(5) CAT-5: TIA/EIA-568-B 认定标准, 常用于快速以太网中。

(6) CAT-5e: TIA/EIA-568-B 认定标准, 常用于快速以太网及千兆以太网中。

(7) CAT-6: TIA/EIA-568-B 认定标准, 可提供 250 MHz 的带宽, 2 倍于 CAT-5、CAT-5e。

(8) CAT-6a: 应用于万兆以太网中。

(9) CAT-7: 其规定的最低传输带宽为 600 MHz。

3) 光纤

光纤的全称为光导纤维。对于计算机网络而言, 光纤具有无可比拟的优势。光纤由纤芯、包层及护套组成。纤芯由玻璃或塑料组成; 包层则是玻璃的, 使光信号可以反射回去, 沿着光纤传输; 护套则由塑料组成, 用于防止外界的伤害和干扰, 如图 2 − 15 所示。

根据光在光纤中的传输模式, 光纤可分为单模光纤和多模光纤。

(1) 单模光纤: 纤芯较细(芯径一般为 9 μm 或 10 μm), 只能传输一种模式的光。其色散很小, 适用于远程通信。

(2) 多模光纤: 纤芯较粗(芯径一般为 50 μm 或 62.5 μm), 可传输多种模式的光。但其

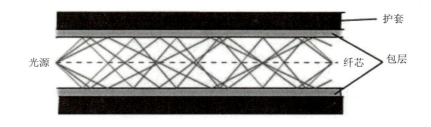

图 2 – 15   光纤的结构

色散较大，一般用于短距离传输。

在这里需要补充说明的是，以上内容主要针对有线网络的有形介质。事实上，随着无线网络被广泛应用，无线电波、微波、红外线等无形传输方式在特定环境下，已经使得有形介质英雄无用武之地。

2. 数据通信的基本模式

数据通信的基本模式包括单播、广播和组播。

单播（Unicast）为"一对一"的通信模式，即从源端发出的数据，仅传递给某一具体接收者。采用单播方式时，系统为每个需求该信息的用户单独建立一条数据传送通路，并为该用户发送一份独立的拷贝信息。由于网络中传输的信息量和需求该信息的用户量成正比，因此当需求该信息的用户量庞大时，网络中将出现多份相同的信息流，此时，带宽将成为重要瓶颈。单播方式较适合用户稀少的网络，不利于信息规模化发送。

广播（Broadcast）为"一对所有"的通信模式。在广播方式中，系统把信息传送给网络中的所有用户，而不管他们是否需要，任何用户都会接收到来自广播的信息，信息的安全性和有偿服务得不到保障。此外，当同一网络中需求该信息的用户量很小时，网络资源利用率将非常低，带宽浪费严重。广播方式适合用户稠密的网络，当网络中需求某信息的用户量不确定时，单播和广播方式效率很低。

组播（Multicast）为"一对多"的通信模式。源端将数据发送至一个组地址，只有加入该组的成员可以接收该数据。相比于单播来说，使用组播方式传递信息时，用户的增加不会显著增加网络的负载；不论接收者有多少，相同的组播数据流在每一条链路上最多仅有一份，这样就及时解决了网络中用户数量不确定的问题。另外，相比于广播来说，组播数据流仅会流到有接收者的地方，不会造成网络资源的浪费。

3. 冲突域与广播域

冲突域是指如果一个区域中的任意一个节点可以收到该区域中其他节点发出的任何帧，那么该区域为一个冲突域。广播域是指如果一个区域中的任意一个节点都可以收到该区域中其他节点发出的广播帧，那么该区域为一个广播域。例如一个集线器构成的网络就是一个冲突域和一个广播域；一个交换机的每一个端口是一个冲突域，而其本身是一个广播域；一个路由器的每一个端口都是一个冲突域和一个广播域，见图 2 – 16。关于集线器、交换机、路由器等设备，将会在后续课程中陆续介绍。

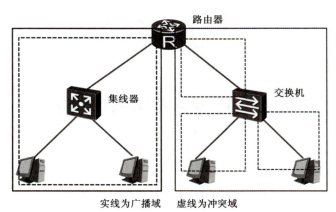

实线为广播域　　虚线为冲突域

图 2 - 16　广播域与冲突域

4. 以太网链路层的分层结构

在以太网中,针对物理层不同的标准、规范、工作模式,数据链路层需要提供不同的介质访问方法,这样给设计和应用带来了不便。为此,一些组织和厂家提出把数据链路层再进行分层,分为媒体访问控制(MAC)子层和逻辑链路控制(LLC)子层。这样,不同的物理层对应不同的 MAC 子层,LLC 子层则可以完全独立,如图 2 - 17 所示。

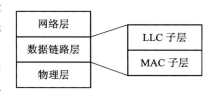

图 2 - 17　MAC 与 LLC

1) MAC 地址

为了进行站点标识,在 MAC 子层用 MAC 地址来唯一标识一个站点。MAC 地址由 IEEE 管理,以块为单位进行分配。一个组织(一般是制造商)从 IEEE 获得唯一的地址块,称为一个组织的 OUI(Organizationally Unique Identifier)。获得 OUI 的组织可用该地址块为 16 777 216 个设备分配地址。

MAC 地址有 48 位,但通常被表示为 12 位的点分十六进制数。例如,48 位的 MAC 地址 000000001110000011111100001110011000000000110100,表示为 12 位点分十六进制就是 00e0.fc39.8034。每个 MAC 地址的前 6 位(点分十六进制)代表 OUI,后 6 位由厂商自己分配。例如,地址 00e0.fc39.8034,前面的 00e0.fc 是 IEEE 分配给华为公司的 OUI,后面的 39.8034 是由华为公司自己分配的地址编号。MAC 地址中的第 2 位指示该地址是全局唯一还是局部唯一。以太网一直使用全局唯一地址。

MAC 地址可分为物理 MAC 地址、广播 MAC 地址和组播 MAC 地址。物理 MAC 地址唯一地标识了以太网上的一个终端,这样的地址是固化在硬件(如网卡)里面的。广播 MAC 地址是一个通用的 MAC 地址,用来表示网络上的所有终端设备。广播 MAC 地址 48 位全是 1,如 ffff.ffff.ffff。组播 MAC 地址是一个逻辑的 MAC 地址,用于代表网络上的一组终端。组播 MAC 地址的第 8 位是 1,例如 00000001101110110011101010111010101111110101000。

2) MAC 子层的功能

MAC 子层负责从 LLC 子层接收数据,附加上 MAC 地址和控制信息后把数据发送到物理链路上，在这个过程中提供校验等功能。数据的收发过程如下：

（1）当上层要发送数据时，把数据提交给 MAC 子层。

（2）MAC 子层把上层提交来的数据放入缓存区。

（3）加上目的 MAC 地址和自己的 MAC 地址（源 MAC 地址），计算出数据帧的长度，形成以太网帧。

（4）根据目的 MAC 地址将以太网帧发送到对端设备。

（5）对端设备用以太网帧的目的 MAC 地址跟 MAC 地址表中的条目进行比较。

（6）只要有一项匹配，则接收该以太网帧。

（7）若无任何匹配的项，则丢弃该以太网帧。

以上描述的是单播的情况。如果上层应用程序中加入一个组播组，则数据链路层根据应用程序加入的组播组形成一个组播 MAC 地址，并把该组播 MAC 地址加入 MAC 地址表。当有针对该组的数据帧时，MAC 子层就接收该数据帧并向上层发送。

3）LLC 子层的功能

LLC 子层除了定义传统的链路层服务之外，还增加了一些其他有用的特性。这些特性都由 DSAP、SSAP 和 Control 字段提供。例如以下三种类型的点到点传输服务：

（1）无连接的数据包传输服务。目前以太网实现的就是这种服务。

（2）面向连接的、可靠的数据传输服务。预先建立连接再传输数据，数据在传输过程中的可靠性能够得到保证。

（3）无连接的、带确认的数据传输服务。该类型的数据传输服务不需要建立连接，但它在数据的传输中增加了确认机制，使可靠性大大增加。

5. 以太网的帧格式

在以太网的发展历程中，以太网的帧格式出现过多个版本。目前正在应用中的帧格式为 DIX（Dec、Intel、Xerox）的 Ethernet_II 帧格式和 IEEE 802.3 帧格式（ETHERNET_SNAP）。

1）Ethernet_II 帧格式

Ethernet_II 帧格式由 DEC、Intel 和 Xerox 在 1982 年公布，由 Ethernet_I 修订而来。事实上，Ethernet_II 与 Ethernet_I 在帧格式上并无差异，区别仅在于电气特性和物理接口。Ethernet_II 的帧格式见图 2-18。

6 Byte	6 Byte	2 Byte	46~1500 Byte	4 Byte
DMAC	SMAC	Type	Data	CRC

图 2-18　Ethernet_II 帧格式

（1）DMAC（Destination MAC）是目的地址，确定帧的接收者。

（2）SMAC（Source MAC）是源地址，标识发送帧的工作站。

（3）Type 类型字段用于标识数据字段中包含的高层协议，也就是说，该字段告诉接收设备如何解释数据字段。该字段取值大于 1500。类型字段用十六进制值表示多协议传输机制。

① 类型字段取值为 0800 的帧代表 IP 协议帧。

② 类型字段取值为 0806 的帧代表 ARP 协议帧。

③ 类型字段取值为 8035 的帧代表 RARP 协议帧。

④ 类型字段取值为 8137 的帧代表 IPX 和 SPX 传输协议帧。

(4) Data 字段表明帧中封装的具体数据。数据字段的最小长度必须为 46 字节，以保证帧长至少为 64 字节，这意味着传输一字节信息也必须使用 46 字节的数据字段。如果填入该字段的信息少于 46 字节，则该字段的其余部分也必须进行填充。数据字段的最大长度为 1500 字节(MTU，最大传输单元)。

(5) CRC(Cyclic Redundancy Check，循环冗余校验)字段提供了一种错误检测机制。

2) IEEE 802.3 帧格式

IEEE 802.3 帧格式由 Ethernet_II 帧发展而来，目前应用很少。它将 Ethernet_II 帧的 Type 域用 Length 域取代，并且占用了 Data 字段的 8 个字节作为 LLC 和 SNAP 字段，如图 2-19 所示。

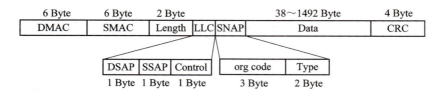

图 2-19 IEEE 802.3 帧格式

(1) Length 字段定义了 Data 字段包含的字节数。该字段取值小于等于 1500(大于 1500 表示的帧格式为 Ethernet_II)。

(2) LLC(Logical Link Control)由目的服务访问点 DSAP(Destination Service Access Point)、源服务访问点 SSAP(Source Service Access Point)和 Control 字段组成。

(3) SNAP(Sub-network Access Protocol)由机构代码(org code)和类型(Type)字段组成。org code 三个字节都为 0。Type 字段的含义与 Ethernet_II 帧中的 Type 字段相同。

其他字段请参见 Ethernet_II 帧的字段说明。

IEEE 802.3 帧根据 DSAP 和 SSAP 字段取值的不同又可以分成不同类型，这里不再赘述。

6. 共享式以太网工作原理

同轴电缆是以太网发展初期所使用的连接线缆，是物理层设备。通过同轴电缆连接起来的设备共享信道，即在每一个时刻，只能有一台终端主机在发送数据，其他终端处于侦听状态，不能发送数据。这 共享式以太网工作原理 种情况称为网络中所有设备共享同轴电缆的总线带宽。在由集线器(Hub)连接的网络中，每个时刻只能有一个端口在发送数据。它的功能是把从一个端口接收到的比特流从其他所有端口转发出去。当网络中有两个或多个站点同时进行数据传输时，将会产生冲突。这种以集线器为中心通过同轴电缆连接的网络就是典型的共享式以太网。

根据以太网的最初设计目标，计算机和其他数字设备是通过一条共享的物理线路连接起来的，这样被连接的计算机和数字设备必须采用一种半双工的方式来访问该物理线路，而且还必须有一种冲突检测和避免机制，以避免多个设备在同一时刻抢占线路的情况，这种机制就是 CSMA/CD(Carrier Sense Multiple Access/Collision Detection，带冲突检测的载波监听多路访问)。

CSMA/CD 的工作过程如下：

（1）发前先听：发送数据前先检测信道是否空闲。如果空闲，则立即发送；如果繁忙，则等待。

交换式以太网工作原理

（2）边发边听：在发送数据过程中，不断检测是否发生冲突(通过检测线路上的信号是否稳定判断冲突)。

（3）遇冲退避：如果检测到冲突，立即停止发送，等待一个随时时间(退避)。

（4）重新尝试：当随机时间结束后，重新开始尝试发送数据。

典型的 CSMA/CD 工作过程如图 2 - 20 所示。

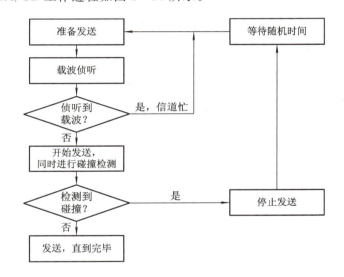

图 2 - 20　典型的 CSMA/CD 工作过程

7. 交换式以太网工作原理

交换式以太网的出现有效地解决了共享式以太网的缺陷，它大大减小了冲突域的范围，显著提升了网络性能，并加强了网络的安全性。

目前在交换式以太网中经常使用的网络设备是交换机。交换机与 Hub 一样同为具有多个端口的转发设备，在各个终端主机之间进行数据转发。但相对于 Hub 的单一冲突域，交换机通过隔离冲突域，使得终端主机可以独占端口的带宽，并实现全双工通信，所以交换式以太网的交换效率大大高于共享式以太网。

1）交换机的工作原理

交换机是一种工作在数据链路层、基于 MAC 地址识别并完成封装、转发数据包功能的网络设备。它对信息进行重新生成，并经过内部处理后转发至指定端口，具备自动寻址能力和交换作用。交换机可以"学习"MAC 地址，并把其存放在内部地址表中，通过在数据帧的始发者和目标接收者之间建立临时的交换路径，使数据帧直接由源地址到达目的地址。

交换机相对于集线器而言,多维护了一张表,该表为 MAC 地址表。表中维护了交换机端口与该端口下设备 MAC 地址的对应关系,如图 2-21 所示。交换机根据 MAC 表来进行数据帧的交换转发。这里主要对 MAC 地址表的建立和更新以及 MAC 地址表的应用进行探讨。

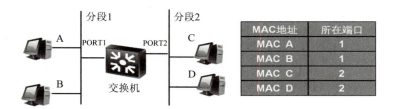

图 2-21　MAC 地址表

(1) MAC 地址表的建立和更新。

透明网桥需要根据转发表指导转发,网桥转发表中的表项记录着链路层地址与该链路层地址对应的转发出接口的映射关系,即 MAC 地址与出接口的映射关系,可以通过命令 display mac-address 查看。其具体过程为:对于检测到的合法以太网帧,提取出该帧的源 MAC 地址。将源 MAC 地址与接收该帧的接口之间的关系加入到地址表中,从而生成一条表项。对于同一个 MAC 地址,如果透明网桥先后学习到不同的接口,则后学到的接口信息将覆盖先学到的接口信息,因此,不存在同一个 MAC 地址对应两个或更多出接口的情况。对于动态学习到的转发表项,透明网桥会在一段时间后对表项进行老化,即将超过一定生存时间的表项删除掉。当然,如果在老化之前,重新收到该表项的对应信息,则重置老化时间。系统支持默认的老化时间为 300 s,用户也可以自行设置老化时间。

(2) 利用 MAC 地址表判断转发。

透明网桥对于收到数据帧的处理可以分为以下三种情况:

① 直接转发。收到数据帧的目的 MAC 能够在转发表中查到,并且对应的出接口与收到报文的接口不是同一个接口,则该数据帧从表项对应的出接口转发出去。

② 丢弃。收到数据帧的目的 MAC 能够在转发表中查到,并且对应的出接口与收到报文的接口是同一个接口,则该数据帧被丢弃。

③ 扩散。收到数据帧的目的 MAC 是单播 MAC,但是在转发表中查找不到,或者收到数据帧的目的 MAC 是组播或广播 MAC 时,数据帧向对应网桥组除入接口外的其他接口复制并发送。

2) 交换机的转发方式

交换机有快速转发、存储转发、分段过滤三种交换方式。

(1) 快速转发(Cut-through)。交换机接收到目的地址即开始转发过程,其特点是延迟小,交换机不检测错误,直接转发数据帧。

(2) 存储转发(Store-and-forward)。交换机接收完整的数据帧后才开始转发过程,这种方式延迟大,延迟取决于数据帧的长度。交换机会检测错误,一旦发现错误数据包将丢弃。

(3) 分段过滤(Fragment-free)。交换机接收完数据包的前 64 字节(一个最短帧长度),

然后根据帧头信息查表并转发。此交换方式结合了快速转发和存储转发方式的优点，像 Cut-through 一样不用等待接收完完整的数据帧才转发，只要接收了 64 字节后即可转发，并且同存储转发方式一样，可以提供错误检测，能够检测前 64 字节的帧错误，并丢弃错误帧。

2.3　虚拟局域网技术

2.3.1　VLAN 的定义

VLAN 技术原理

VLAN(Virtual Local Area Network)即虚拟局域网，是将一个物理的 LAN 在逻辑上划分成多个广播域(多个 VLAN)的通信技术。VLAN 内的主机间可以直接通信，而 VLAN 间不能直接互通，从而将广播报文限制在一个 VLAN 内。由于 VLAN 间不能直接互访，因此提高了网络安全性。

图 2-22 所示为一个典型的 VLAN 隔离广播域。两台交换机放置在不同的地点，它们分别属于两个不同的 VLAN，比如不同的部门，可以互相隔离。

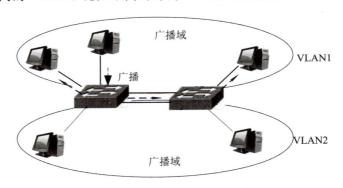

图 2-22　VLAN 隔离广播域

2.3.2　VLAN 的类型

VLAN 的类型即 VLAN 划分的方式。

1. 基于端口划分 VLAN

此方式是根据交换设备的端口编号来划分 VLAN。网络管理员给交换机的每个端口配置不同的 PVID(Port VLAN ID，端口缺省的 VLAN ID)，即一个端口缺省属的 VLAN。当一个数据帧进入交换机端口时，如果没有带 VLAN 标签，且该端口上配置了 PVID，那么，该数据帧就会被打上端口的 PVID。如果进入的帧已经带有 VLAN 标签，即使端口已经配置了 PVID，交换机也不会再增加 VLAN 标签。对 VLAN 帧的处理由端口类型决定。

2. 基于 MAC 地址划分 VLAN

此方式是根据交换机端口所连接设备的 MAC 地址来划分 VLAN。网络管理员成功配置 MAC 地址和 VLAN ID 映射关系表,如果交换机收到的是 untagged(不带 VLAN 标签)帧,则依据该表添加 VLAN ID。当终端用户的物理位置发生改变时,这种划分方法不需要重新配置 VLAN,提高了终端用户的安全性和接入的灵活性,但只适用于网卡不经常更换、网络环境较简单的场景中。另外,还需要预先定义网络中的所有成员。

3. 基于子网划分 VLAN

如果交换设备收到的是 untagged(不带 VLAN 标签)帧,则交换设备根据报文中的 IP 地址信息确定添加的 VLAN ID。这种划分方式的优点是将指定网段或 IP 地址发出的报文在指定的 VLAN 中传输,减轻了网络管理者的任务量,且有利于管理。其缺点是网络中的用户分布需要遵循一定的规律,且多个用户在同一个网段。

4. 基于协议划分 VLAN

基于协议划分 VLAN 是指根据接口接收到的报文所属的协议(族)类型及封装格式来给报文分配不同的 VLAN ID。网络管理员需要配置以太网帧中的协议域和 VLAN ID 的映射关系表,如果收到的是 untagged(不带 VLAN 标签)帧,则依据该表添加 VLAN ID。目前,支持划分 VLAN 的协议有 IPv4、IPv6、IPX、AppleTalk(AT),封装格式有 Ethernet_II、802.3 raw、802.2 LLC、802.2 SNAP。基于协议划分 VLAN 的方式将网络中提供的服务类型与 VLAN 进行绑定,方便管理和维护,但需要对网络中所有的协议类型和 VLAN ID 的映射关系表进行初始配置。

5. 基于组合策略划分 VLAN

基于 MAC 地址、IP 地址、接口组合策略划分 VLAN 是指在交换机上配置终端的 MAC 地址和 IP 地址,并与 VLAN 关联。只有符合条件的终端才能加入指定 VLAN。符合策略的终端加入指定 VLAN 后,严禁修改 IP 地址或 MAC 地址,否则会导致终端从指定 VLAN 中退出。基于组合策略划分 VLAN 的方式安全性非常高,基于 MAC 地址和 IP 地址成功划分 VLAN 后,禁止用户改变 IP 地址或 MAC 地址。相较于其他 VLAN 划分方式,基于 MAC 地址和 IP 地址组合策略划分 VLAN 是优先级最高的 VLAN 划分方式。其缺点为针对每一条策略都需要手工配置。

当设备同时支持多种方式时,一般情况下,优先使用顺序为:基于组合策略(优先级别最高)→基于子网→基于协议→基于 MAC 地址→基于端口(优先级别最低)。目前常用的是基于端口的方式。

2.3.3 VLAN 技术原理

1. VLAN 通信原理

VLAN 技术为了实现转发控制,在待转发的以太网帧中添加 VLAN 标签,然后设定交换机端口对该标签和帧的处理方式。处理方式包括丢弃帧、转发帧、添加标签、移除标签。

转发帧时,通过检查以太网报文中携带的 VLAN 标签是否为该端口允许通过的标签,可判断出该以太网帧是否能够从端口转发。图 2-23 中,假设有一种方法,将 A 发出的所有以太网帧都加上标签 5，此后查询二层转发表，根据目的 MAC 地址将该帧转发到 B 连接的端口。由于在该端口的配置仅允许 VLAN 1 通过，因此 A 发出的帧将被丢弃。以上支持 VLAN 技术的交换机转发以太网帧时不再仅仅依据目的 MAC 地址，同时还要考虑该端口的 VLAN 配置情况，从而实现对二层转发的控制。

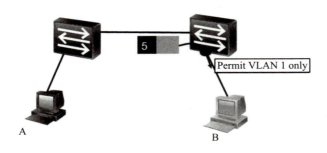

图 2 - 23　VLAN 通信基本原理

2. VLAN 的帧格式

IEEE 802.1Q 标准对 Ethernet 帧格式进行了修改，在源 MAC 地址字段和协议类型字段之间加入 4 Byte 的 802.1Q Tag，如图 2 - 24 所示。

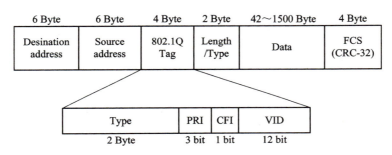

图 2 - 24　基于 802.1Q 的 VLAN 帧格式

802.1Q Tag 包含 4 个字段，其含义如下：

（1）Type：长度为 2 Byte，表示帧类型。取值为 0x8100 时表示 802.1Q Tag 帧。如果不支持 802.1Q 的设备收到这样的帧，会将其丢弃。

（2）PRI(Priority)：长度为 3 bit，表示帧的优先级，取值范围为 0~7，值越大，优先级越高，用于当交换机阻塞时，优先发送优先级高的数据帧。

（3）CFI(Canonical Format Indicator)：长度为 1 bit，表示 MAC 地址是否是经典格式。CFI 为 0 表示经典格式，CFI 为 1 表示非经典格式，用于区分以太网帧、FDDI(Fiber Distributed Digital Interface)帧和令牌环网帧。在以太网中，CFI 的值为 0。

（4）VID(VLAN ID)：长度为 12 bit，表示该帧所属的 VLAN。可配置的 VLAN ID 的取值范围为 0~4095，但是 0 和 4095 是协议中规定保留的 VLAN ID，不能分配给用户使用。使用 VLAN 标签后，在交换网络环境中，以太网的帧有两种格式：一种是没有加上这四个字节标志的以太网帧，称为标准以太网帧(untagged frame)；另一种是有四个字节标志的以太网帧，称为带有 VLAN 标记的帧(tagged frame)。另外，本书仅仅讨论 VLAN 标签中的 VLAN ID,对于其他字段暂不作研究。

3. VLAN 的转发流程

VLAN 技术通过以太网帧中的标签,结合交换机端口的 VLAN 配置,实现对报文转发的控制。假设交换机有两个端口 A 与 B,从端口 A 收到以太网帧,如果转发表显示目的 MAC 地址存在于 B 端口下。引入 VLAN 后,该帧是否能从 B 端口转发出去,有以下两个关键点:一是该帧携带的 VLAN ID 是否被交换机创建,创建 VLAN 的方法有两种,管理员逐个添加或通过 GVRP 协议自动生成;二是目的端口是否允许携带该 VLAN ID 的帧通过,端口允许通过的 VLAN 列表,可以由管理员添加或使用 GVRP（GARP VLAN Registration Protocol)协议动态注册。整个转发流程如图 2-25 所示。

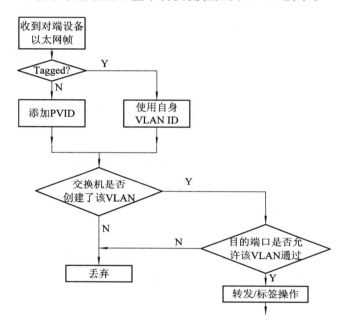

图 2-25 VLAN 的转发流程

转发过程中,标签操作的类型有两种:

(1) 添加标签:对于 untagged frame,添加 PVID(Port Default VLAN ID),在端口收到对端设备的帧后进行。

(2) 移除标签:删除帧中的 VLAN 信息,以 untagged frame 的形式发送给对端设备。

注意:正常情况下,交换机不会更改 tagged frame 中 VLAN ID 的值。某些设备支持的特殊业务可能提供更改 VLAN ID 的功能,此内容不在本书讨论范围之内。

4. VLAN 接口类型

为了提高处理效率,交换机内部的数据帧一律都带有 VLAN Tag,并以统一方式处理。当一个数据帧进入交换机端口时,如果没有带 VLAN Tag,且该端口上配置了 PVID,那么该数据帧就会被标记上端口的 PVID。如果数据帧已经带有 VLAN Tag,即使端口已经配置了 PVID,交换机也不会再给数据帧标记 VLAN Tag。由于端口类型不同,交换机对帧的处理过程也不同。下面根据不同的端口类型分别介绍。

1）Access 端口

Access 端口一般用于连接主机，对于帧的处理如下：

（1）对接收不带 Tag 的报文处理：接收该报文，并打上缺省 VLAN 的 Tag。

（2）对接收带 Tag 的报文处理：当 VLAN ID 与缺省 VLAN ID 相同时，接收该报文。当 VLAN ID 与缺省 VLAN ID 不同时，丢弃该报文。

（3）发送帧处理过程：先剥离帧的 PVID Tag，然后再发送。

2）Trunk 端口

Trunk 端口用于连接交换机，在交换机之间传递 tagged frame，可以自由设定允许通过多个 VLAN ID，这些 ID 可以与 PVID 相同，也可以不同。其对于帧的处理过程如下：

对接收不带 Tag 的报文处理：

（1）打上缺省的 VLAN ID，当缺省 VLAN ID 在允许通过的 VLAN ID 列表里时，接收该报文。

（2）打上缺省的 VLAN ID，当缺省 VLAN ID 不在允许通过的 VLAN ID 列表里时，丢弃该报文。

对接收带 Tag 的报文处理：

（1）当 VLAN ID 在接口允许通过的 VLAN ID 列表里时，接收该报文。

（2）当 VLAN ID 不在接口允许通过的 VLAN ID 列表里时，丢弃该报文。

发送帧处理过程：

（1）当 VLAN ID 与缺省 VLAN ID 相同，且是该接口允许通过的 VLAN ID 时，去掉 Tag，发送该报文。

（2）当 VLAN ID 与缺省 VLAN ID 不同，且是该接口允许通过的 VLAN ID 时，保持原有 Tag，发送该报文。

3）Hybrid 端口

Access 端口发往其他设备的报文都是 untagged frame，而 Trunk 端口仅在一种特定情况下才能发出 untagged frame，其他情况发出的都是 tagged frame。在某些应用中，使用者希望能够灵活地控制 VLAN 标签的移除。例如，在本交换机的上行设备不支持 VLAN 的情况下，希望实现各个用户端口相互隔离。Hybrid 端口可以解决此问题。

对接收不带 Tag 的报文处理：同 Trunk 端口一致。

对接收带 Tag 的报文处理：同 Trunk 端口一致。

发送帧处理过程：当 VLAN ID 是该接口允许通过的 VLAN ID 时，发送该报文。可以通过命令设置发送时是否携带 Tag。

2.4　以太网接入的控制管理

2.4.1　用户的接入控制与管理

由于接入网是一个公用的网络环境，因此其要求与局域网这样一个私有网络环境的要求会有很大不同,主要反映在用户管理、安全管理、业务管理和计费管理上。

用户管理,是指用户需要在接入网的运营商那里进行开户登记,并且在用户进行通信时对用户进行认证、授权。对所有运营商而言,掌握用户信息是十分重要的,为便于对用户进行管理,因此需要对每个用户进行开户登记。而在用户进行通信时,则要杜绝非法用户接入到网络中,占用网络资源,影响合法用户的使用,因此需要对用户进行合法性认证,并根据用户属性使用户享有其相应的权力。

安全管理,是指接入网需要保障用户数据(单播地址的帧)的安全性,隔离携带用户个人信息的广播信息(如 ARP(地址解析协议)、DHCP(动态主机配置协议)消息等),防止关键设备受到攻击。对每个用户而言,当然不希望别人能够接收到自己的信息,因此要从物理上隔离用户数据(单播地址的帧),保证用户的单播地址的帧只有该用户可以接收到,不像在局域网中,因为是共享总线方式,单播地址的帧可以被总线上的所有用户都接收到。另外,由于用户终端是以普通的以太网卡与接入网连接,在通信中会发送一些广播地址的帧(如 ARP、DHCP 消息等),而这些消息会携带用户的个人信息(如用户 MAC(媒质访问控制地址等)),如果不隔离这些广播消息而让其他用户接收到,容易发生 MAC/IP 地址仿冒,影响设备的正常运行,中断合法用户的通信过程。在接入网这样一个公用网络的环境中,保证其中设备的安全性是十分重要的,因此需要采取一定的措施防止非法进入其管理系统造成设备无法正常工作,以及某些影响用户通信的消息。

业务管理,是指接入网需要支持组播业务,为保证 QoS 提供一定手段。由于组播业务是 Internet 上的重要业务,因此接入网应能够以组播方式支持这项业务,而不以点到点方式来传送组播业务。另外,为了保证 QoS,接入网需要提供一定的带宽控制能力,例如保证用户最低接入速率,限制用户最高接入速率,从而支持对业务 QoS 的保证。

计费管理,是指接入网需要提供有关计费的信息,包括用户的类别(是账号用户还是固定用户)、用户使用时长、用户流量等数据,支持计费系统对用户的计费管理。

目前,用户的接入控制与管理采用的方案主要有 802.1x、PPPoE 等。

1. 802.1x

802.1x 协议是基于 Client/Server 的访问控制和认证协议。它可以限制未经授权的用户/设备通过接入端口(access port)访问 LAN/WLAN。在获得交换机或 LAN 提供的各种业务之前,802.1x 对连接到交换机端口上的用户/设备进行认证。在认证通过之前,802.1x 只允许认证协议的数据通过设备连接的交换机端口;认证通过以后,正常的数据就可以顺利地通过以太网端口。802.1x 认证由交换机接入端口、中心认证(AAA 服务器)构成完整的接入控制系统,AAA 服务器既可以位于汇聚层,也可以位于核心网,如图 2-26 所示。

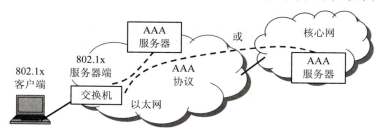

图 2-26 802.1x 认证

802.1x 的工作过程如下：

（1）当用户有上网需求时打开 802.1x 客户端程序，输入已经申请、登记过的用户名和口令，发起连接请求。此时，客户端程序将发出请求认证的报文传输给交换机，开始启动一次认证过程。

（2）交换机收到请求认证的数据帧后，将发出一个请求帧要求用户的客户端程序将输入的用户名送上来。

（3）客户端程序响应交换机发出的请求，将用户名信息通过数据帧传输给交换机。交换机将客户端送上来的数据帧经过封包处理后送给认证服务器进行处理。

（4）认证服务器收到交换机转发上来的用户名信息后，将该信息与数据库中的用户名表进行比对，找到该用户名对应的口令信息，用一个随机生成的加密字对它进行加密处理，同时也将此加密字传送给交换机，由交换机传给客户端程序。

（5）客户端程序收到由交换机传来的加密字后，用该加密字对口令部分进行加密处理（此种加密算法通常是不可逆的），并通过交换机传给认证服务器。

（6）认证服务器将送上来的加密后的口令信息和自己经过加密运算后的口令信息进行对比，如果相同，则认为该用户为合法用户，反馈认证通过的消息，并向交换机发出打开端口的指令，允许用户的业务流通过端口访问网络。否则，反馈认证失败的消息，并保持交换机端口的关闭状态，只允许认证信息数据通过而不允许业务数据通过。

2．PPPoE

PPPoE 是指在以太网上承载 PPP 协议，它利用以太网组网时，通过一个远端接入设备连入因特网，并对接入的每一个主机实现控制、计费功能。PPP 协议是点到点连接协议，它包括链路控制协议（LCP，Link Control Protocol）、网络控制协议（NCP，Network Control Protocol）、密码验证协议 PAP 和挑战握手验证协议 CHAP。在采用 PPPoE 方式时，PPP 帧被封装在以太网帧内，以便于用户接入端的计算机采用以太网网卡匹配接收。

LCP 用于建立、配置及测试数据链路，它允许通信双方进行协商，以确定不同的选项；NCP 针对不同网络层协商可选的配置参数；PAP 和 CHAP 通常被用于在 PPP 封装的串行线路上提供安全性认证。

在以太网接入时，用户通过以太网交换机连接到城域网中。它首先需要用户通过客户端采用 PPPoE 协议拨号软件在 PPPoE 服务器（或 BRAS）中注册，根据 ISP 提供的用户账号和密码，通过位于核心网中的 AAA 服务器（或 RADIUS 服务器）进行合法接入的认证，如果为合法用户，就可以获得接入授权。通过合法性检查后，就在 PPP 协议中封装 IP 数据帧，为接入的用户提供 Internet 上网服务。由于 PPPoE 有极高的性价比，使 PPPoE 在包括小区组网建设等一系列应用中被广泛采用。PPPoE 认证网络如图 2-27 所示。

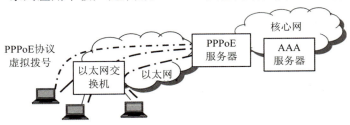

图 2-27　PPPoE 认证网络

PPPoE 协议的工作流程包括发现和会话两个阶段，发现阶段是无状态的，目的是获得 PPPoE 终端的以太网 MAC 地址，并建立一个唯一的 PPPoE SESSION-ID。发现阶段结束后，就进入标准的 PPP 会话阶段。当一个主机想开始一个 PPPoE 会话时，它必须首先进行发现阶段，以识别局端的以太网 MAC 地址，并建立一个 PPPoE SESSION-ID。在发现阶段，基于网络的拓扑，主机可以发现多个接入集中器，然后允许用户选择一个。当发现阶段成功完成时，主机和选择的接入集中器都有了各自在以太网上建立 PPP 连接的信息。直到 PPP 会话建立，发现阶段一直保持无状态的 Client/Server(客户/服务器)模式。一旦 PPP 会话建立，主机和接入集中器都必须为 PPP 虚接口分配资源。

2.4.2　动态地址分配

连接到互联网上的电脑之间要相互通信，就必须有各自的 IP 地址，然而由于 IP 地址资源有限，宽带接入运营商不能做到给每个用户都分配一个固定的 IP 地址(所谓固定 IP，是指即使在用户不上网的时候，别人也不能用这个 IP 地址，这个资源一直被这个用户所独占)，因此通常采用 DHCP(Dynamic Host Configuration Protocol，动态主机配置协议)对上网的用户进行临时的地址分配。如图 2-28 所示，当电脑连上网，第一步先向接入设备发出请求，第二步接入设备通过管理 VLAN 通道向 DHCP 服务器请求，第三步 DHCP 服务器从地址池里临时分配一个 IP 地址，第四步将 IP 地址分配给用户。每次上网分配的 IP 地址可能会不一样，这跟当时 IP 地址的资源有关。当用户下线的时候，DHCP 服务器可能会把这个地址分配给之后上线的其他电脑。这样就可以有效节约 IP 地址，既保证了网络通信，又提高了 IP 地址的使用率。DHCP 服务器通常与汇聚层交换机连接。

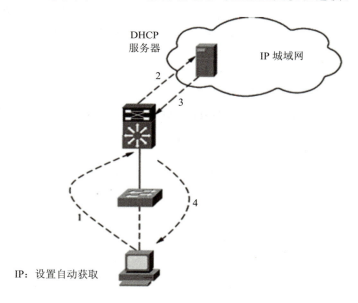

图 2-28　通过 DHCP 服务器获取 IP 地址示意图

DHCP 用一台或一组 DHCP 服务器来管理网络参数的分配，这种方案具有容错性。即使在一个仅拥有少量机器的网络中，DHCP 仍然是有用的，因为一台机器可以几乎不造成任何影响地被增加到本地网络中。

对于那些很少改变地址的服务器来说，仍然建议用 DHCP 来设置它们的地址。如果服务器需要被重新分配地址，就可以在尽可能少的地方进行这些改动。对于一些设备，如路由器和防火墙，则不应使用 DHCP。

DHCP 可用于直接为服务器和桌面计算机分配地址，若通过一个 PPP 代理，还可为拨号及宽带主机，以及住宅 NAT 网关和路由器分配地址。DHCP 一般不适用于无边际路由器和 DNS 服务器。动态主机配置协议是一个局域网的网络协议，是指由服务器控制一段 IP 地址范围，客户机登录服务器时就可以自动获得服务器分配的 IP 地址和子网掩码。首先，DHCP 服务器必须是一台安装有 Server 系统的计算机；其次，担任 DHCP 服务器的计算机需要安装 TCP/IP 协议，并为其设置静态 IP 地址、子网掩码、默认网关等内容。默认情况下，DHCP 作为 Server 的一个服务组件不会被系统自动安装，必须主动进行添加。

在 DHCP 的工作原理中，DHCP 服务器提供了三种 IP 分配方式：自动分配（Automatic Allocation）、手动分配（Manual Allocation）和动态分配（Dynamic Allocation）。自动分配是指当 DHCP 客户机第一次成功地从 DHCP 服务器获取一个 IP 地址后，就永久地使用这个 IP 地址。手动分配是指由 DHCP 服务器管理员专门指定 IP 地址。动态分配是指当客户机第一次从 DHCP 服务器获取到 IP 地址后，但并非永久使用该地址，而是每次使用完后，DHCP 客户机就需要释放这个 IP，供其他客户机使用。

2.4.3   以太网接入设备的供电

以太网接入设备的环境，通常不具备正规机房的条件，电源不良。借鉴 PSTN 的运行经验，由机房的设备通过以太网线远端馈电。IEEE 802.3af 为以太网的馈电标准。

一个完整的 PoE（Power over Ethernet）系统包括供电端设备（PSE，Power Sourcing Equipment）和受电端设备（PD，Powered Device）两部分。PSE 设备是为以太网客户端设备供电的设备，同时也是整个 PoE 以太网供电过程的管理者。而 PD 设备是接受供电的 PSE 负载，即 PoE 系统的客户端设备，如 IP 电话、网络安全摄像机、AP 及掌上电脑（PDA）或移动电话充电器等许多其他以太网设备（实际上，任何功率不超过 13 W 的设备都可以从 RJ-45 插座获取相应的电力）。两者基于 IEEE 802.3af 标准建立有关受电端设备 PD 的连接情况、设备类型、功耗级别等方面的信息联系。以此为根据，PSE 通过以太网向 PD 供电。

电源输出：48 V；

功率级别：15 W、7 W、4 W。

当在一个网络中布置 PoE 供电端设备时，PoE 以太网供电工作过程如下：

（1）检测：一开始，PoE 设备在端口输出很小的电压，直到其检测到线缆终端的连接为一个支持 IEEE 802.3af 标准的受电端设备。

（2）PD 端设备分类：当检测到受电端设备 PD 之后，PoE 系统可能会为 PD 设备进行分类，并且评估此 PD 设备所需的功率损耗。

（3）开始供电：在一个可配置时间（一般小于 15 μs）的启动期内，PSE 设备开始从低电压向 PD 设备供电，直至提供 48 V 的直流电。

（4）供电：为 PD 设备提供稳定可靠的 48 V 直流电，满足 PD 设备不超过 15.4 W 的功率消耗。

（5）断电：当 PD 设备从网络上断开时，PSE 就会快速地（一般在 300～400 ms 之内）停止为 PD 设备供电,并重复检测过程以检测线缆的终端是否连接 PD 设备。

标准的五类网线有四对双绞线,但是在 10M Base-T 和 100M Base-T 中只用到其中的两对。IEEE 802.3af 标准允许两种用法,应用空闲脚供电时,4、5 脚连接正极,7、8 脚连接负极。PoE 网线连接如图 2-29 所示。

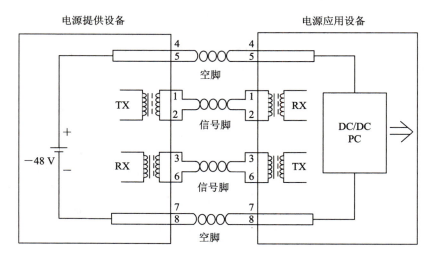

图 2-29　PoE 网线连接

PoE 标准为使用以太网的传输电缆输送直流电到 PoE 兼容的设备定义了两种方法:一种称作"中间跨接法"(Mid-Span),使用独立的 PoE 供电设备,跨接在交换机和具有 PoE 功能的终端设备之间,一般是利用以太网电缆中没有被使用的空闲线对来传输直流电。Mid-Span PSE 是一个专门的电源管理设备,通常和交换机放在一起。它对应的每个端口有两个 RJ-45 插孔,一个用短线连接至交换机(此处指传统的不具有 PoE 功能的交换机),另一个连接远端设备。另一种方法是"末端跨接法"(End-Span),是将供电设备集成在交换机中信号的出口端,这类集成连接一般都提供了空闲线对和数据线对"双"供电功能,其中数据线对采用了信号隔离变压器,并利用中心抽头来实现直流供电。可以预见,End-Span 法会迅速得到推广,这是因为以太网数据与输电采用公用线对,从而省去了需要设置独立输电的专用线,这对于仅有 8 芯的电缆及配套的标准 RJ-45 插座意义特别重大。

2.5　以太网技术宽带接入方案设计

2.5.1　以太网宽带接入的技术应用

以太网是 20 世纪 80 年代发展起来的一种局域网技术,通过几十年的发展,先后推出了快速以太网 FE(100 Mb/s)和千兆以太网 GE(1000 Mb/s)。以太网由于具有使用简单方便、价格低、速度高等优点,很快成为了局域网的主流。以太网的帧格式与 IP 是一致的,特别适合于传输 IP 数据。随着因特网的快速发展,以太网被大量使用。随着千兆以太网的成熟和万兆以太网的出现,以太网开始进入城域网和广域网领域。如果接入网也采用以太网,将形成从局域网、接入网、

以太网宽带
接入方案设计

城域网到广域网全部是以太网的结构。采用与 IP 一致的、统一的以太网帧结构，可以使各网之间无缝连接，中间不需要任何格式转换，这将提高运行效率、方便管理、降低成本。同时，这种结构可以提供端到端的连接，保证了服务质量 QoS。

目前，以太网宽带接入解决方案主要用到 VLAN 技术和 PPPoE 认证技术。以太网宽带接入网络的典型结构如图 2-30 所示。三层交换机每个端口配置成独立的 VLAN，享有独立的 VID（VLAN ID）。将每个用户配置成独立的 VLAN，利用支持 VLAN 的 LANSWTTCH 进行信息隔离，用户的 IP 地址被绑定在端口的 VLAN 号上，以保证正确的路由选择。在 VLAN 方式中，利用 VLAN 可以隔离 ARP、DHCP 等携带用户信息的广播信息，从而使用户数据的安全性得到了进一步提高。在这种方案中，虽然解决了用户数据的安全性问题，但是缺少对用户进行管理的手段，即无法对用户进行认证、授权。为了识别用户的合法性，可以将用户的 IP 地址与该用户所连接的端口 VID 进行绑定，这样设备可以通过核实带来的问题使用户的 IP 地址与所在端口绑在一起，进行静态 IP 地址的配置。另一方面，因为每个用户处在逻辑上独立的网内，所以对每一个用户至少要配置 4 个 IP 地址：子网地址、网关地址、子网广播地址和用户主机地址，这样会造成地址利用率极低。PPPoE 认证技术解决了用户数据的安全性问题，同时 PPP 协议还提供用户认证、授权以及分配用户 IP 地址的功能。

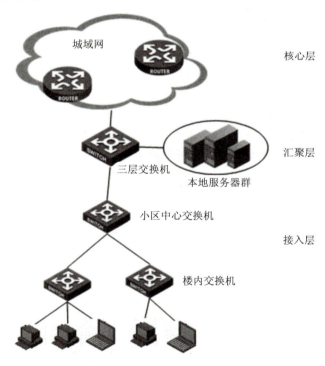

图 2-30   以太网宽带接入网络的典型结构

2.5.2   以太网宽带接入的功能设计

基于以太网技术的宽带接入网由局侧设备和用户侧设备组成。局侧设备一般位于小区内，用户侧设备一般位于居民楼内；或者局侧设备位于商业大楼内，而用户侧设备位于楼层内。局侧设备提供与 IP 骨干网的接口,用户侧设备提供与用户终端计算机相接的 10/100Base-T 接口。局侧设备具有汇聚用户侧设备网管信息的功能。

在基于以太网技术的宽带接入网中,用户侧设备只有链路层功能,各用户之间在物理层和用户层相互隔离,从而保护用户数据的安全性。另外,用户侧设备可以在局侧设备的控制下动态改变其端口速率,从而保证用户最低连接速率,限制用户最大接入速率,支持对业务的 QoS 保证。对于组播业务,由局侧设备控制各多播组状态和组内成员的情况,用户侧设备只执行受控的多播复制,不需要多播组管理功能。局侧设备还支持对用户的认证、授权和计费以及用户 IP 地址的动态分配。为了保证设备的安全性,局侧设备和用户侧设备之间采用逻辑上独立的内部管理通道。

在基于以太网技术的宽带接入网中,局侧设备不同于路由器,路由器维护的是端口-网络地址映射表,而局侧设备维护的是端口-主机地址映射表;用户侧设备不同于以太网交换机,以太网交换机隔离单播数据帧,不隔离广播地址的数据帧,而用户侧设备的功能仅仅是以太网帧的复用和解复用。

接入设备主要完成链路层帧的复用功能,在下行方向将中心接入设备发送的不同 MAC 地址的帧转发到对应的用户网络接口(UNI)上,在上行方向将来自不同 UNI 端口的 MAC 帧汇聚并转发到中心接入设备;中心接入设备负责汇聚用户流量,实现 IP 包转发、过滤及各种 IP 层协议。具有对接入用户的管理控制功能,支持基于物理位置的用户和基于账号的用户的接入,完成对用户使用接入网资源的认证、授权和计费等,同时必须满足用户信息的安全性要求。用户管理平台、业务管理平台和接入网的管理可通过 IP 骨干网实行集中式处理。中心接入设备与边缘接入设备推荐采用星型拓扑结构,中心接入设备与 IP 骨干网设备之间的拓扑结构可以是星型,也可以是环型。在以太网接入系统中,中心接入设备一般为二层交换机、二层交换机+宽带接入服务器、三层交换机、三层交换机+宽带接入服务器以及专为以太网接入开发的以太接入业务网关等,边缘接入设备一般为二层交换机。

基于以太网技术的带宽接入网还具有强大的网管功能。与其他接入网技术一样,能进行配置管理、性能管理、故障管理和安全管理;还可以向计费系统提供丰富的计费信息,使计费系统能够按信息量、按连接时长和包月进行计费。

随着 IP 业务的爆炸式增长和我国电信运营商的日益开放,无论是传统电信运营商还是新兴运营商,为了在新的竞争环境中立于不败之地,都把建设面向 IP 业务的电信基础网作为网络建设重点。在城域网的接入部分,很多运营商选择以太网技术。值得注意的是,现有的以太网接入技术都存在这样或那样的问题,这为以后的业务发展带来极大的隐患。有的运营商甚至把用于计算机局域网的以太网技术一成不变地搬到接入网中,不同用户之间的信息根本谈不上隔离,在这种平台上开展电子商务是难以想象的。这种运营方式只能一时抢到大量用户,等到用户发现自身利益得不到保障时,运营商必将自食其果。

基于以太网技术的宽带接入网与传统的用于计算机局域网的以太网技术大不一样。它仅借用了以太网的帧结构和接口,网络结构和工作原理完全不一样。它具有高度的信息安全性、电信级的网络可靠性、强大的网管功能,并且能保证用户的接入带宽,这些都是传统的以太网根本做不到的,因此基于以太网技术的宽带接入网完全可以应用于公网环境中,为用户提供稳定可靠的宽带接入服务。另外,由于基于以太网技术的宽带接入网给用户提供了标准的以太网接口,能够兼容所有带标准以太网接口的终端,用户不需要另配任何新的接口卡或协议软件，因而它又是一种十分廉价的宽带接入技术。基于以太网技术的宽带接入网无论是网络设备还是用户端设备，都比 ADSL、Cable Modem 等便宜很多。基于以上考虑，基于以太网技术的宽带接入网将在以后的宽带 IP 接入中发挥重要作用。

目前，宽带接入网的应用除了为用户提供一直在线、可靠、高速的互联网连接之外，还应该发展一些关键的宽带应用。对于相互竞争的运营商而言，希望拥有独立的电话接入网，用以太网接入网做 IP 电话接入是非常重要的。当然，这种 IP 电话不是简单地模仿传统电话，它将拥有电话和 Web 结合的新功能。互联网上的音频、视频广播等宽带交互新媒体是另外一项关键的宽带应用。目前，多家运营商已经认识到这个新业务的重要性，开始积极进行研究发展。但是这方面的业务发展需要解决一系列管理体制及政策方面的问题，会有一个发展过程。当然，更重要的是内容的制作和价值链的形成。第三个方面的重要应用是智能化小区和社区服务应用，同样有广阔的发展前景。

目前，一些小区宽带接入网发展商的策略是先占地盘，布好五类线网络并送到用户门口。为了降低成本，在楼头只设集线器或无管理的简单交换机，这样的系统在管理和用户安全隔离方面都存在很大问题。这可以说是"初级阶段"，当上网用户少时，可以保证一定速度，只能包月计费。考虑到网络宽带内容和服务的建立和发展有一个过程，用户数量的增长也需要一个发展过程，在开始阶段为降低成本，采用这种简单系统是可以的。好在以太网良好的可扩展性使其后续升级并不困难，也不会造成多少浪费。但从发展来看，宽带接入网必须是一个安全的、可扩展的、支持开放服务的平台。尽管现在还没有一个能很好满足上述要求的商品设备，但是随着有关标准的制定（我国信息产业部传输所和中国电信也在制定以太网宽带接入网的标准和规范），将会不断出现低成本、高性能的设备以满足不同的需求。对于设备制造商来说，这也将是一个巨大的市场和发展机会。

以太网接入是目前宽带接入的主要方式之一。由于以太网协议简单、性价比好、可扩展性好、安装开通容易、可靠性高等优点，使以太网接入方式成为企事业集团用户宽带接入的最佳选择。随着快速以太网、吉比特以太网、十吉比特以太网的出现，以及光纤传输技术的进步，使得在单模光纤上的千兆以太网可实现无中继传输距离达 100 km 以上，各种速率的以太网不仅可以构成局域网，也可以构成城域网甚至广域网。在光纤已经到小区或大楼的前提下，用户只需安装网卡，就可以直接实现宽带到桌面。这种在城市光缆网上用各种速率的以太网架构的城市宽带 IP 接入网，简称 FTTX＋LAN 宽带接入网。它是一种最合理、最适用、最经济有效的方法。它主要采用高速 IP 路由交换技术和千兆以太网光纤传输技术，充分利用光纤带宽资源，配合综合布线系统，实现宽带多媒体、多业务信息网络的高速接入。

2.5.3 以太网宽带接入的网络结构设计

以太网接入的网络结构需根据不同的应用场合采取不同的网络结构。

下面以小区以太网为例说明以太网接入系统的组成。一般小区以太接入网络采用结构化布线，在楼宇之间采用光纤形成网络骨干线路，在单个建筑物内一般采用 5 类双绞线到住户内的方案，即利用"光纤＋UTP，XDSL"方式实现小区的高速信息接入，中心接入设备一般放在小区内，称为小区交换机，每个小区交换机可容纳 500～1000 个用户，上行可采用 1 Gb/s 光接口或 100 Mb/s 电接口经光电收发器与光纤连接，下行可采用 100 Mb/s 电接口或 100 Mb/s、1 Gb/s 光接口。小于 100 m 采用 5 类双绞线，大于 100 m 采用光纤。

边缘接入设备一般位于居民楼内，称为楼道交换机。楼道交换机采用带 VLAN 功能的二层以太网交换机，可以不具备路由功能，每个楼道交换机可接 1～2 个用户单元，上行采用 100 Mb/s、1 Gb/s 光接口或 100 Mb/s 电接口，下行采用 100 Mb/s 电接口。楼道交换机接入用户主要是通过楼内综合布线系统和相关的配线模块提供 5 类双绞线端口入户，入户端口能够提供 100 Mb/s 的接入带宽。系统中采用配置 VLAN 的方式保证最终用户一定的隔离和安全性。VLAN 在楼道接入交换设备上配置，终结在小区交换设备上。每个小区接入交换机管辖区域内的 VLAN 要统一管理分配，IP 地址统一规划。

在网络管理上，为保证系统的安全，整个系统可采用"带内监视、带外控制"的方式进行管理，也可采用"带内控制"的方式进行管理。

实际应用中，可根据小区规模的大小，或接入用户数量的多少将小区接入网络分为小规模、中规模和大规模三大类。

1. 小规模接入网络

对于小规模居民小区来说，用户数量少。用户连接到以太网交换设备的双绞线距离不超过 100 m。小区干线设备采用光纤收发器，其上联通过 100 Mb/s 接口的二层交换机接入骨干网，下联通过多个 10/100 Mb/s 接口的交换机与用户接入，直接接入用户；若用户数超过交换机的端口数，可采用交换机级联方式，如图 2 - 31 所示。

2. 中规模接入网络

对于中规模居民小区来说，居民楼较多，用户相对分散。小区内采用二级交换：小区中心交换机采用三层交换机，上行采用一个吉比特光接口或多个百兆电接口，其中光接口直联，电接口经光电收发器连接。中心交换机下行口既可以提供百兆电接口(100 m 以内)，也可以提供百兆光接口。楼道交换机的连接同小规模接入网络相同，用户数量多时可采用交换机级联方式，在 100 m 距离内接入用户，如图 2 - 32 所示。

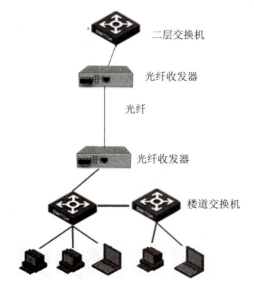

图 2 - 31 小规模接入网络

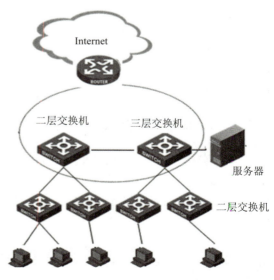

图 2 - 32 中规模接入网络

3. 大规模接入网络

大规模居民小区一般居民楼数量非常多，楼间距离较大且相对分散。小区内采用二级交换：小区中心交换机（三层交换机）具备多个千兆光接口直联宽带 IP 城域网，且多有备份。中心交换机下行口既可以提供百兆光接口，也可以提供千兆光接口。楼道交换机连接基本上与小规模接入网络相同，必要时楼道交换机上行采用千兆光接口，如图 2 - 33 所示。

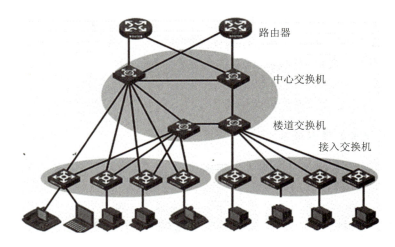

图 2 - 33　大规模接入网络

2.5.4　以太网接入设备的选用

选用以太网接入设备时应注意的问题有设备价格、设备功能、设备性能、设备技术要求及网络整体方案的集成性等。以太网中心接入设备为接入网的核心，应具备高性能、高可扩展性、高可靠性及强有力的网络控制能力和良好的可管理特性。边缘接入设备是建筑物内用户接入网络的桥梁，应具备灵活性、价格便宜、使用方便和一定的网络服务质量和控制能力。

1. 以太网中心接入设备的技术要求

中心接入设备主要用来实现汇聚下级设备流量、用户安全管理、流量控制、路由管理、终结 VLAN 和服务器级别管理等，以及协助完成业务控制（计费信息采集）、用户管理（如认证、授权和计费等）、网络地址转换、网络管理和过滤等功能，一般要求如下：

（1）中心接入设备至少具有 1 个 1000Base-LX 单模光接口，多个 100Base-FX 多模光接口和多个 100 Mb/s 电接口。单模口传输距离不小于 15 km，多模口传输距离不小于 2 km。根据实际情况可以配备 100 km 以上传输距离的 GE 接口板（如 ZX、LH）。

（2）应具有基于端口、MAC 地址、子网或 IP 地址划分 VLAN 的功能，支持基于 802.1Q 标准的 VLAN 划分，并支持跨不同交换机划分 VLAN。

（3）为了满足安全性的基本要求，小区交换设备应当可以与楼道、汇接交换机配合实现用户端口的隔离，为此可能需要同时支持 200 个以上的 VLAN。采用特别技术的设备时应说明在这方面与其他设备的兼容性。

(4) 支持 IGMP 组播协议。

(5) 支持线速交换。

(6) 可实现对每个用户的流量和时长的统计，并能形成原始话单，按通用的接口提交给计费系统。

(7) 1000 Mb/s 和 100 Mb/s 以太网端口必须支持端口聚集功能，并能在聚集后的端口上实现负荷均分。

(8) 支持 IEEE 802.1p 协议，支持基于设备端口的优先级流量控制，可具有基于 MAC 地址、IP 地址、IP 子网、VLAN 和应用的优先级分类，可具有 Diffserv 功能。

(9) 支持多种方式的以太网包过滤功能，支持标准的 IP 包过滤功能，支持基本的绑定功能，支持多种削减策略。

(10) 提供远程登录支持及图形化网管，支持 SNMP 网络管理协议。

2. 边缘接入设备的技术要求

边缘接入设备主要用来接入用户，汇聚用户流量，实现用户层隔离、数据帧过滤、组播支持等功能，一般要求如下：

(1) 边缘接入设备向上必须提供网内设备间中继接口，如 100Base-TX 接口、100Base-FX 接口和 100 Mb/s 电接口，向下应直接向用户提供 10Base-T 用户网络接口，该接口应支持全双工和半双工方式。接口协议应符合 IEEE 802.3u 的相关规定。

(2) 具有基于端口划分 VLAN 的功能，也可支持基于 MAC 地址划分 VLAN，支持 IEEE 802.1q 协议。每个端口均可划分在不同的 VLAN 中，每个端口均可划分为一个 VLAN，可跨不同交换机划分 VLAN。设备 VLAN 的配置和管理必须灵活、方便。

(3) 为了满足安全性的基本要求，楼道交换设备应当可以与小区、汇接交换机配合实现用户端口的隔离。

(4) 支持 IGMP 组播协议。

(5) 其 100 Mb/s 以太网端口具有端口聚集功能，并能在聚合的 Nx100 Mb/s 端口上实现负荷均分，支持 IEEE 802.1ad 标准。

(6) 支持 IEEE 802.1p 协议。

(7) 支持多种方式的两层包过滤功能，如基于源 MAC 地址、设备端口、VLAN、广播、多播、单播和非法帧的过滤；支持基本的绑定功能，如用户 MAC 地址和端口的绑定；支持多种削减策略，如广播削减、组播削减和单播削减等。

(8) 设备支持标准的生成树协议(IEEE 802.1d)；支持每个 VLAN 的生成树，能通过生成树针对不同的 VLAN 设置不同优先级或路径代价，将并行的链路分给不同的 VLAN，实现负载分担。

(9) 提供远程登录支持及图形化网管。

3. 设备电源

设备支持直流和交流两种供电方式，直流额定电压为 −48 V，电压波动的范围为 −57～−40 V；交流电压为(220±25％) V，频率为(50±5％) Hz。

4. 工作环境

设备应能在以下环境中正常工作：

室内机：温度 5～40℃；相对湿度 10％～90％（非凝结）；

室外机：温度－30～40℃；相对湿度 10％～90％（非凝结）。

5. 设备性能

边缘接入设备在吞吐量、交换时延、丢包率和 MAC 地址深度等方面应根据用户具体规模大小和流量大小在规划设计时具体要求。

【实训指导】

2.6　网络仿真环境搭建

本实训中，将采用华为 eNSP 模拟器搭建一个网络仿真环境。具体操作步骤如下：

1. 启动 eNSP

eNSP 的界面如图 2-34 所示。

网络仿真环境搭建

图 2-34　eNSP 的界面

2. 建立拓扑

在左侧面板顶部单击"终端"图标，在显示的终端设备中选中"PC"图标，把图标拖动到空白界面上。

使用相同步骤，再拖动一个 PC 图标到空白界面上，建立一个端到端网络拓扑。PC 设备模拟的是终端主机，可以再现真实的操作场景。

3. 建立一条物理连接

在左侧面板顶部单击"设备连线"图标,在显示的媒介中选择"Copper(Ethernet)"图标。单击图标后,光标代表一个连接器。单击客户端设备,系统会显示该模拟设备包含的所有端口。单击"Ethernet 0/0/1"选项,连接此端口。

单击另外一台设备并选择"Ethernet 0/0/1"端口作为该连接的终点,此时,两台设备间的连接完成。可以观察到,在已建立的端到端网络中,连线的两端显示的是两个红点,表示该连线连接的两个端口都处于 Down 状态。

4. 进入终端系统配置界面

用鼠标右键单击一台终端设备,在弹出的属性菜单中选择"设置"选项,查看该设备的系统配置信息。弹出的设置属性窗口包含"基础配置""命令行""组播"和"UDP 发包工具"四个标签页,分别用于不同需求的配置。

5. 配置终端系统

选择"基础配置"标签页,在"主机名"文本框中输入主机名称。在"IPv4 配置"区域单击"静态"选项按钮。在"IP 地址"文本框中输入 IP 地址 192.168.1.1,子网掩码配置为255.255.255.0。配置完成后,单击窗口右下角的"应用"按钮。再单击"CLIENT1"窗口右上角的关闭按钮,关闭该窗口。使用相同步骤配置 CLIENT2。建议将 CLIENT2 的 IP 地址配置为 192.168.1.2,子网掩码配置为 255.255.255.0。完成基础配置后,两台终端系统可以成功建立端到端通信。

6. 启动终端系统设备

用鼠标右键单击一台设备,在弹出的菜单中选择"启动"选项,启动该设备。拖动光标选中多台设备,单击鼠标右键显示快捷菜单,选择"启动"选项,启动所有设备。设备启动后,线缆上的红点将变为绿色,表示该连接为 Up 状态。当网络拓扑中的设备变为可操作状态后,可以监控物理连接中的接口状态与介质传输中的数据流。

2.7 以太网接入设备安装

2.7.1 网线的制作

双绞线的制作

1. 百兆网线

双绞线在制作过程中需要按照一定的标准排列线序,目前常用的线序标准为 EIA/TIA 568A 和 568B。这两种标准规定了不同线芯与水晶头管脚的对应关系,如果定义管脚编号为 1~8,则标准 568A 的线序对应为白/绿、绿、白/橙、蓝、白/蓝、橙、白/棕、棕,而标准 568B 的线序对应为白/橙、橙、白/绿、蓝、白/蓝、绿、白/棕、棕,如图

2 - 35 所示。

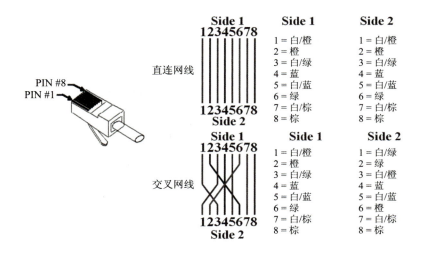

图 2 - 35 双绞线标准

根据一根线缆两端的标准是否一致，双绞线可分为直连网线（两端线序标准一致）和交叉网线（两端线序标准不一致）。网络设备接口分为 MDI（Medium Dependent Interface）和 MDI_X 两种。一般路由器的以太网接口、主机的 NIC（Network Interface Card）接口的类型为 MDI。交换机的接口类型可以为 MDI 或 MDI_X。Hub（集线器）的接口类型为 MDI_X。直连网线用于连接 MDI 和 MDI_X，交叉网线用于连接 MDI 和 MDI，或者 MDI_X 和 MDI_X。设备的连接方法如表 2 - 2 所示。

表 2 - 2 设备的连接方法

设备	主机	路由器	交换机 MDI_X	交换机 MDI	Hub
主机	交叉	交叉	直连	N/A	直连
路由器	交叉	交叉	直连	N/A	直连
交换机 MDI_X	直连	直连	交叉	直连	交叉
交换机 MDI	N/A	N/A	直连	交叉	直连
Hub	直连	直连	交叉	直连	交叉

2. 千兆网线

千兆 5 类或超 5 类双绞线的形式与百兆网线的形式相同，也分为直通和交叉两种。直通网线与平时所使用的没有什么差别，都是一一对应的。但是传统的百兆网络只用到 4 根线来传输，而千兆网络要用到 8 根线来传输，所以千兆交叉网线的制作与百兆网线不同，其制作方法如下：1 对 3, 2 对 6, 3 对 1, 4 对 7, 5 对 8, 6 对 2, 7 对 4, 8 对 5。千兆网线的线序排列如图 2 - 36 所示。

一端：橙/白、橙，绿/白、蓝，蓝/白、绿，棕/白、棕；

另一端：绿/白、绿，橙/白、棕/白、棕，橙，蓝，蓝/白。

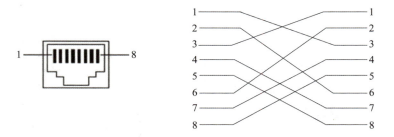

图 2-36　千兆网线线序排列图

千兆网线的使用可参考表 2-2。

2.7.2　以太网接入设备的认知

在实际以太网宽带接入技术中,以太网交换机的应用最为普及,本节主要讲解交换机设备的使用。

以华为交换机为例,各种型号的典型交换机如图 2-37 所示。设备安装前先要确定好各种设备的型号,不同型号的设备有不同的功能。每一家产品的型号命名方法各不相同,例如华为交换机设备的型号命名方法如图 2-38 所示。

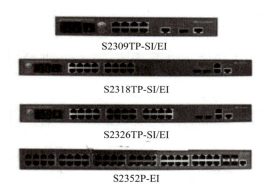

S	2	3	26	TP	SI
A	B	C	D	E	F

图 2-37　各种型号的华为交换机　　　　图 2-38　型号命名方法

A 代表产品类别,其中,S 表示交换机,例如 S2326TP-SI、S2700-26TP-SI;AR 表示低端路由器,例如 AR 28-09;NE 表示高端路由器,例如 NE20E。

B 代表子产品系列,表示其相应的功能,其中,9、7 代表核心机箱式交换机,例如9303、9306、7706、7712;5 代表全千兆盒式三层交换机,例如 S5328C-SI;3 代表千兆上行、百兆下行的盒式三层交换机,例如 S3328TP-SI;2 代表千兆上行、百兆下行的盒式二层交换机,例如 S2326TP-SI。

C 代表产品型号更替,例如华为旧产品为 S2300 系列、S3300 系列、S5300 系列、S9300系列;新产品为 S2700 系列、S3700 系列、S5700 系列、S7700 系列。

D 代表可用端口数,09 表示下行端口为 8 个,上行端口为 1 个,例如 S2309TP-SI-AC;26 表示下行端口为 24 个,上行端口为 2 个,例如 S2326TP-SI-AC 等;28 表示下行端口为24 个,上行端口为 4 个,例如 S5328C-SI;48 表示下行端口为 48,上行端口为 0 个,例如

S5348TP-SI-AC。

E 代表上行接口类型，主要有 C、P、TP。C 代表扩展插槽上行，例如 S5328C-SI；P 代表千兆 SFP 光口上行，例如 S3352P-SI；TP 代表上行接口，光口和电口可同时存在。

F 代表交换机特性，其中，EI 表示增强型，例如 S5328C-EI；SI 表示标准型，例如 S5328C-SI；PWR-EI 表示支持 PoE 的增强型，PoE（Power over LAN）即以太网供电；PWR-SI 表示支持 PoE 的标准型。

2.7.3　以太网接入设备的安装

1. 机房设备的安装

机房设备必须安装在室内，原则上安装在机架内。具体要求如下：

（1）在安装机架和挂墙式机箱时，其位置及面向都应该按设计要求进行安装，机架和设备必须安装牢固可靠，在有抗震要求时应按设计要求进行安装。

（2）机架和挂墙式机箱安装完工后，其水平和垂直度都必须符合设计要求，机架和挂墙式机箱与地面垂直，其前后左右的垂直偏差度均不应大于 3 mm。

（3）为了便于施工和维护人员操作，安装 19 英寸机架时，机架前面应预留 1.5 m 的空间，机架背面距离墙面应大于 0.8 m。

（4）设备要求使用交流 220 V 电源或直流 −48 V 电源供电，根据具体情况安装后备电源。

（5）机房要安装保护接地，接地电阻≤4 Ω。采用直流供电的设备，其工作地线可与保护地线共用一组，接地电阻≤1 Ω。设备外壳和电缆屏蔽层均应按有关规范接地。

2. 楼层设备的安装

楼层交换机安装在楼内配线间或楼梯间内，严禁挂装在外墙或其他雨水易飘沾、阳光可照射的场所，也可加保护箱后安装在墙上或吊装在顶板下，但在选择设备箱安装位置时，应考虑设备通风、散热及环境温度、湿度、防尘、防盗、防干扰和楼道的整体美观等问题，一般选在楼房的公共部位，且不妨碍人行通道和搬运通道。一般要求设备箱底距离地面 1.6 m。

设备箱内应提供 220 V/10 A 单相带地源插座，并固定在机箱内。交换机前端处的光终端盒或光纤接收器必须放在机箱内，以保障网络的安全性和可靠性；交换机电源线、光纤及 5 类线必须分孔进出，严禁信号线与电源线同孔；光纤及 5 类线余线在机箱内不宜过长，且要用尼龙扎带将 5 类线扎绑固定好；机箱内线缆和光缆都应贴有规定的标志（标签和编号），说明线缆、光缆的路由和终结点位置。

每组楼道交换机应就近安装一组保护接地，接地电阻应小于等于 4 Ω。采用直流供电的设备，其工作地线可与保护地线共用一组，接地电阻小于等于 1 Ω。设备外壳和电缆屏蔽层均应按有关规范接地。

3. 楼道宽带配线箱的安装

楼道宽带配线箱从型号上可分为两种规格，一种为一般楼房的宽带配线箱，可容纳 18

个用户连接的模块(排列 3 排,每排可接 6 个用户的网线);另一种为集中用户楼房宽带配线箱,可根据用户数的情况进行排列(从 24 个用户到 96 个用户的网线连接)。楼道宽带配线箱内的模块按照模块标识色谱进行卡接。楼道宽带配线箱内线缆的编号规定:要标明区箱号、单元号、楼层号、房间号、模块排列编号,从集线箱到楼道交换机设备箱的连接网线,要标明楼栋号、单元号和线缆的排列编号。

2.8　以太网接入设备数据配置

2.8.1　设备数据配置环境的搭建

设备数据配置主要有两种方法,一是通过串口配置,二是通过 Telnet 远程登录的方法配置。

交换机的登录配置

通过串口配置时,要用交换机的 console 口搭建本地的配置环境,先用串口配置线连接交换机的 console 口和 PC 上的 232 串口或 USB 口(如果是 USB 接口,需安装驱动),在计算机上打开超级终端或运行 CRT 软件,通过简单设置即可开始配置,配置界面如图 2-39 所示。

(a) 超级终端配置

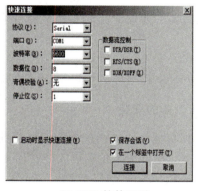

(b) CRT 软件配置

图 2-39　console 口本地配置

通过 Telnet 远程登录搭建远程的配置环境时,应注意以下几点:

(1) Telnet 用户登录时,缺省需要进行口令认证,如果没有配置口令而通过 Telnet 登录,则系统会提示"password required,but none set."

(2) 通过 Telnet 配置交换机时,不要删除或修改对应本 Telnet 连接的交换机上 VLAN 接口的 IP 地址,否则会导致 Telnet 连接断开。

(3) Telnet 用户登录时,缺省可以访问命令级别为 0 级的命令。

(4) 如果通过 PC 直接在交换机上进行 Telnet 配置,注意连接 PC 的以太网端口应属于交换机的管理 VLAN。

(5) 如果出现"Too many users!"的提示,表示当前 Telnet 到以太网交换机的用户过多,则请稍候再连接(例如华为 Quidway 系列以太网交换机最多允许 5 个 Telnet 用户同时登录）。

2.8.2　交换机数据配置基本操作

典型交换机数据配置的视图如表 2-3 所示。

表 2-3　典型交换机数据配置的视图

视图	功能	提示符	进入命令	退出命令
用户视图	查看交换机的简单运行状态和统计信息	\<Quidway\>	与交换机建立连接即进入	quit：断开与交换机连接
系统视图	配置系统参数	［Quidway］	在用户视图下键入 system-view	quit 或 return，返回用户视图
以太网端口视图	配置以太网端口参数	［Quidway-Ethernet0/1］	在系统视图下键入 interface ethernet 0/1	quit：返回系统视图
VLAN 视图	配置 VLAN 参数	［Quidway-Vlan1］	在系统视图下键入 vlan 1	quit：返回系统视图
VLAN 接口视图	配置 VLAN 和 VLAN 汇聚对应的 IP 接口参数	［Quidway-Vlan-interface1］	在系统视图下键入 interface vlan-interface 1	quit：返回系统视图
本地用户视图	配置本地用户参数	［Quidway-luser-user1］	在系统视图下键入 local-user user1	quit：返回系统视图

1. 登录界面及等级切换

进入配置界面后：

```
Please press ENTER.
<Quidway>
%Apr  2 05：38：46 2000 Quidway SHELL/5/LOGIN：Console login from Aux0/0
<Quidway>super                                    \\进入特权模式
<Quidway>system-view                              \\进入系统配置模式
[Quidway] display  current-configuration          \\显示当前配置
```

2. 保存配置

```
[Quidway]    sysname  huawei                       \\指定设备名称
[huawei]     quit                                  \\退出当前模式
<huawei>     save                                  \\保存配置
<Quidway>
```

3. 常用命令

显示系统版本信息：display version；

显示系统当前配置：display current-configuration；

显示系统保存配置：display saved-configuration；

显示接口信息：display interface；

显示路由信息：display ip routing-table；

显示 VRRP 信息：display vrrp；

显示 ARP 表信息：display arp；

显示系统 CPU 使用率：display cpu；

显示系统内存使用率：display memory；

显示系统日志：display info-center log；

显示系统时钟：display clock；

验证配置正确后保存配置：save；

删除某条命令：undo；

设置以太网端口的全双工/半双工属性：[Quidway-Ethernet 0/1] duplex auto /half/full

设置端口的速率：[Quidway-Ethernet 0/1] speed   10/100。

4. VLAN 创建及端口指定

创建 VLAN，进入 VLAN 视图：vlan /vlan_id/；

删除已创建的 VLAN：undo vlan /vlan_id/；

给指定的 VLAN 增加以太网接口：port /interface_list/；

对指定的 VLAN 删除以太网接口：undo port /interface_list/；

其中，参数 interface_list 由端口类型和端口序号组成。

例 1　VLAN 创建及 ACCESS 端口配置。

  [Quidway]vlan10   \\创建 VLAN 10

  [Quidway-vlan2]quit   \\退出 VLAN 视图

  [Quidway]interface ethernet 0/1   \\进入端口 1 的端口视图

  [Quidway-Ethernet1]port access vlan 10 \\将端口 1 以 Access 模式加入到 VLAN 10

  [Quidway-Ethernet1]quit   \\退出

例 2　VLAN 创建及 TRUNK 端口配置。

  [Quidway]interface ethernet 0/23

  [Quidway-Ethernet23]description to_6506A_E6/0/47

  [Quidway-Ethernet23]port link-type trunk   \\设置接口类型为 TRUNK

  [Quidway-Ethernet23]port trunk permit vlan 10 20 to 25 \\允许 VLAN 10、20～25 的数据通过

  [Quidway-Ethernet23]undo port trunk permit vlan 1 \\将 VLAN 1 过滤

5. 管理 VLAN 及 IP 的配置

(1) 创建管理 VLAN：

  [Quidway]　VLAN 100

(2) 配置设备的管理 IP 地址：

  [Quidway] interface vlan-interface 100

  [Quidway-Vlan-interface100] ip address 192.168.100.2 255.255.255.0

（3）配置设备的网关：

　　［Quidway］ip route-static 0. 0. 0. 0　0. 0. 0. 0　192. 168. 100. 1

2.8.3　以太网接入组网的应用

VLAN 的数据配置

1. 校园网接入组网

1）组网需求

如图 2-40 所示，PC 通过 5 类线与交换机相连接，以太网上行口接入校园网，通过校园网与互联网互连。

2）IP 地址配置

校园网接入组网有动态 IP 地址和静态 IP 地址等不同的接入方式。动态 IP 地址接入是指在校网内通过校园网接入服务器的 WEB 页面，输入用户名和密码，即可接入互联网。静态 IP 地址接入需要管理员分配 IP 地址、DNS 等。静态 IP 地址主要用于专线接入，无须拨号，如再通过路由器接入局域网，局域网内的计算机将以静态 IP 地址为网关，通过对局域网内 PC 的 IP 地址进行设置，即可接入互联网。主机 IP 地址应与网关地址为同一网段。网络数据规划如表 2-4 所示。

图 2-40　校园网接入组网

表 2-4　网络数据规划表

配置项	PC1	PC2	PC3	PC4	…
IP 地址	192. 168. 1. 11	192. 168. 1. 12	192. 168. 1. 13	192. 168. 1. 14	…
子网掩码	255. 255. 255. 0	255. 255. 255. 0	255. 255. 255. 0	255. 255. 255. 0	…
网关	192. 168. 1. 1	192. 168. 1. 1	192. 168. 1. 1	192. 168. 1. 1	…
DNS 服务器	221. 131. 143. 69	221. 131. 143. 69	221. 131. 143. 69	221. 131. 143. 69	…

2. VLAN 组网

1）组网需求

如图 2-41 所示，SwitchA 与 SwitchB 用 TRUNK 互连，相同 VLAN 的 PC 之间可以互访，不同 VLAN 的 PC 之间禁止互访；PC1 与 PC2 分处于不同的 VLAN 中，通过设置上层三层交换机 SwitchB 的 VLAN 10 接口的 IP 地址为 10.1.1.254/24，VLAN 20 接口的 IP 地址为 20.1.1.254/24，可以实现 VLAN 间的互访。

2）配置步骤

（1）实现 VLAN 内互访、VLAN 间禁访的配置过程。

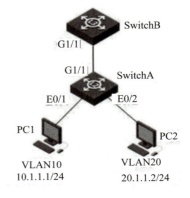

图 2-41　VLAN 组网

SwitchA 相关配置：

　　# 创建(进入)VLAN10，将 E0/1 加入 VLAN10

　　[SwitchA] vlan 10

　　[SwitchA-vlan10] port Ethernet 0/1

　　# 创建(进入)VLAN20，将 E0/2 加入 VLAN20

　　[SwitchA] vlan 20

　　[SwitchA-vlan20] port Ethernet 0/2

　　# 将端口 G1/1 配置为 TRUNK 端口，并允许 VLAN10 和 VLAN20 通过

　　[SwitchA] interface GigabitEthernet 1/1

　　[SwitchA-GigabitEthernet1/1] port link-type trunk

　　[SwitchA-GigabitEthernet1/1] port trunk permit vlan 10 20

SwitchB 相关配置：

　　# 创建(进入)VLAN10，将 E0/10 加入 VLAN10

　　[SwitchB] vlan 10

　　[SwitchB-vlan10] port Ethernet 0/10

　　# 创建(进入)VLAN20，将 E0/20 加入 VLAN20

　　[SwitchB] vlan 20

　　[SwitchB-vlan20] port Ethernet 0/20

　　# 将端口 G1/1 配置为 TRUNK 端口，并允许 VLAN10 和 VLAN20 通过

　　[SwitchB] interface GigabitEthernet 1/1

　　[SwitchB-GigabitEthernet1/1] port link-type trunk

　　[SwitchB-GigabitEthernet1/1] port trunk permit vlan 10　20

(2) 通过三层交换机实现 VLAN 间互访的配置。

SwitchA 相关配置：

　　# 创建(进入)VLAN10，将 E0/1 加入 VLAN10

　　　[SwitchA] vlan 10

　　[SwitchA-vlan10] port Ethernet 0/1

　　# 创建(进入)VLAN20，将 E0/2 加入 VLAN20

　　[SwitchA]vlan 20

　　[SwitchA-vlan20] port Ethernet 0/2

　　# 将端口 G1/1 配置为 TRUNK 端口，并允许 VLAN10 和 VLAN20 通过

　　[SwitchA] interface GigabitEthernet 1/1

　　[SwitchA-GigabitEthernet1/1] port link-type trunk

　　[SwitchA-GigabitEthernet1/1] port trunk permit vlan 10　20

SwitchB 相关配置：

　　# 创建(进入)VLAN10，将 E0/10 加入 VLAN10

　　[SwitchB] vlan 10

　　# 设置 VLAN10 的虚接口地址

　　[SwitchB] interface vlan 10

　　[SwitchB-int-vlan10] ip address 10.1.1.254　255.255.255.0

　　# 创建 VLAN20

　　[SwitchB] vlan 20

♯设置 VLAN20 的虚接口地址

［SwitchB］interface vlan 20

［SwitchB-int-vlan20］ip address 20.1.1.254   255.255.255.0

♯将端口 G1/1 配置为 TRUNK 端口，并允许 VLAN10 和 VLAN20 通过

［SwitchA］interface GigabitEthernet 1/1

［SwitchA-GigabitEthernet1/1］port link-type trunk

［SwitchA-GigabitEthernet1/1］port trunk permit vlan 10 20

思 考 与 练 习

2.1   简述 TCP/IP 协议参考模型的常用协议。

2.2   简述以太网的发展过程。

2.3   总结以太网的各种标准。

2.4   什么是 VLAN? 它有什么作用?

2.5   VLAN 划分与通信的方法有哪些?

2.6   以太网端口有哪些类型? 各有什么特性?

2.7   以太网宽带接入与组建局域网有哪些要考虑的特殊问题?

2.8   简述小区用户以太网宽带接入组网的方法。

2.9   简述中小企业以太网宽带接入组网的方法。

2.10   参观学校机房以太网接入组网，参观学校校园网，绘制以太网接入组网结构图，并说明其工作原理。

2.11   中小企业以太网接入组网配置。组网需求：企业以太接入网的网络拓扑结构如图 2-32 所示。中小企业内部组网通常不要求认证、计费、授权等需求，重点是保证内部网络安全、各个部门限制相互访问。试完成网络的配置。

项目 3　EPON 宽带接入技术

【教学目标】

　　在掌握 EPON 的技术原理、分层结构以及关键技术的基础上,能够独立完成 EPON 的业务配置。

【知识点与技能点】

- EPON 的产生与发展;
- EPON 的网络结构;
- EPON 的传输原理;
- EPON 协议栈;
- EPON 的分层结构;
- EPON 的技术优点;
- EPON 的设备认知;
- EPON 的业务配置。

【理论知识】

3.1　EPON 技术概述

3.1.1　EPON 技术的产生和发展

PON 技术概述

　　1987 年,英国电信公司的研究人员最早提出了 PON 的概念。1995 年,全业务网络联盟 FSAN(Full Service Access Network)成立,旨在定义一个通用的 PON 标准。1998 年,国际电信联盟 ITU-U 工作组以 155 Mb/s 的 ATM 技术为基础,发布了 G.983 系列 APON(ATM PON)标准。这种标准目前在北美、日本和欧洲应用较多。2000 年底,一些设备商成立了以太网联盟 EFMA,提出了基于以太网的 PON 概念,即 EPON(Ethernet Passive Optical Network)。2004 年 6 月,EPON 标准 IEEE 802.3ah 正式颁布。

　　EPON 是一种基于以太网的无源光纤接入技术,它通过一个单一的光纤接入系统,实现数据、语音及视频的综合业务接入,并具有良好的经济性。业内人士普遍认为,FTTH 是宽带接入的最终解决方式,而 EPON 也将成为一种主流宽带接入技术。由于 EPON 网络结构的特点、宽带入户的特殊优越性,以及与计算机网络的天然有机结合,使得全世界的专家都一致认为，无源光网络是实现"三网合一"和解决信息高速公路"最后一公里"的最佳传输媒介。

随着信息技术的发展，网络技术得到了快速发展。2.5G 速率的 EPON 已经很难满足很多网络用户的需求。于是，就出现了基于 802.3av 的 10G EPON 技术，该技术提供了更高性能的网络传输，以适应时代发展的新趋势。它提供了两种标准，一种是非对称速率（即下行传输速率为 10 Gb/s，上行传输速率为 1.25 Gb/s），另一种为对称速率（上、下行传输速率都是10 Gb/s，以满足大带宽、多业务发展的需求。

3.1.2　EPON 的网络结构

EPON 技术采用点到多点的网络拓扑结构，利用光纤实现数据、语音和视频的全业务接入。EPON 与所有 PON 相同，由 OLT、ODN、ONU 三个部分构成，如图 3-1 所示。

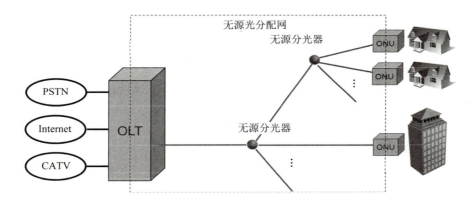

图 3-1　EPON 的网络结构

1. 光线路终端(OLT，Optical Line Terminal)

OLT 作为整个光纤接入网的核心部分，可实现核心网与用户间不同业务的传递功能，主要包括 ONU 注册和管理、全网的同步和管理，以及协议的转换、与上行网络之间的通信等。

2. 光网络单元(ONU，Optical Network Unit)

ONU 作为用户端设备，在整个网络中属于从属部分，用于完成与 OLT 之间的正常通信并为终端用户提供不同的应用端口。

3. 光分配网(ODN，Optical Distribution Network)

ODN 在网络中的定义为从 OLT 到 ONU 的线路部分，包括光缆、配线部分以及无源分光器(Splitter)，这些部分全部为无源器件，是整个网络信号传输的载体。其中光缆部分可选用 G.652、G.657 系列的全部型号光纤，分光器可选用分光比为 1:2~1:32 的分光器(OLT 到 ONU 之间的传输距离一般为 10~20 km，原则上，10 km 传输距离选用 1:32 的分光器，20 km 选用 1:16 的分光器。因为分光器的分光比例越高，光衰减越大)。

3.1.3 EPON 的业务功能

OLT 放在中心机房，ONU 放在用户设备端附近或与其合为一体。ODN 是无源光分配网，是一个连接 OLT 和 ONU 的无源设备，其功能是分发下行数据，并集中上行数据。EPON 中使用单芯光纤，在一根芯上传送上、下行两个波，上行波长为 1310 nm，下行波长为 1490 nm，同时预留了 1550 nm 的波长来传递 CATV 电视信号，如图 3－2 所示。

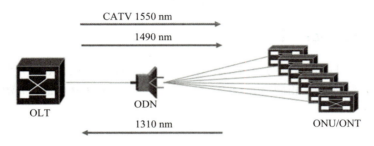

图 3－2 EPON 的双向传输

OLT 既是一个交换机或路由器，又是一个多业务提供平台，它提供面向无源光纤网络的光纤接口(PON 接口)。根据以太网向城域网和广域网发展的趋势，OLT 提供多个 1 Gb/s 和 10 Gb/s 的以太网接口，可以支持 WDM 传输。OLT 支持 ATM、FR 以及 OC3/12/48/192 等速率的 SONET 连接，可实现传统的 TDM 语音接入。OLT 根据需要可以配置多块 OLC(Optical Line Card)，OLC 与多个 ONU 通过 POS(无源分光器)连接。POS 是一个简单设备，它不需要电源，可以置于相对宽松的环境中，一般一个 POS 的分光比为 8、16、32、64，并可以多级连接，一个 OLT PON 端口下最多可以连接的 ONU 数量与设备密切相关，一般是固定的数值。在 EPON 系统中，OLT 到 ONU 间的最大距离可达 20 km。

在下行方向，IP 数据、语音、视频等多种业务由位于中心局的 OLT 采用广播方式，通过 ODN 中的 1：N 无源分光器分配到 PON 上的所有 ONU 单元。在上行方向，来自各个 ONU 的多种业务信息互不干扰地通过 ODN 中的 1：N 无源分光器耦合到同一根光纤，最终送到位于局端的 OLT 接收端。

根据 ONU 所处位置的不同，EPON 的应用模型又可分为 FTTC(光纤到路边)、FTTB(光纤到大楼)、光纤到办公室(FTTO)和光纤到家(FTTH)等多种类型，如图 3－3 所示。

在 FTTC 结构中，ONU 放置在路边或电线杆的分线盒边，从 ONU 到各个用户之间采用双绞线铜缆；传送宽带图像业务时，则采用同轴电缆。FTTC 的主要特点之一是接入用户家里后仍可采用现有的铜缆设施，可以推迟入户的光纤投资。

在 FTTB 结构中，ONU 被直接放到楼内，光纤到大楼后可以采用 ADSL、Cable、LAN，即 FTTB＋ADSL、FTTB＋Cable 和 FTTB＋LAN 等方式接入用户家中。FTTB 与 FTTC 相比，光纤化程度进一步提高，因而更适用于高密度以及需提供窄带和宽带综合业务的用户区。

FTTO 和 FTTH 结构均在路边设置无源分光器，并将 ONU 移至用户的办公室或家中，是真正全透明的光纤网络，它们不受任何传输制式、带宽、波长和传输技术的约束，是光纤接入网络发展的理想模式和长远目标。

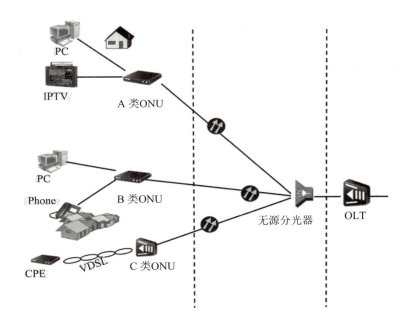

图 3 - 3   EPON 的应用模型

　　由于 EPON 的服务对象是家庭用户和小企业，业务种类多，需求差别大，计费方式多样，而利用上层协议并不能解决 EPON 中数据链路层的业务区分和时延控制，因此，支持业务等级区分是 EPON 必备的功能。目前的方案是：在 EPON 的下行信道上，OLT 建立 8 种业务队列，不同的队列采用不同的转发方式；在上行信道上，ONU 建立 8 种业务端口队列，既要区分业务又要区分不同用户的服务等级。此外，由于 ONU 要对 MAC 帧进行组合，以便分时隙发送数据，应对突发并提高上行信道的利用率，因此进一步引入帧组合的优先机制用于区分服务。

　　EPON 作为新一代的宽带接入技术，为了满足网络发展与融合的客观要求，就必须实现多种业务（包括 TDM 业务）的综合接入。

　　Ethernet 的封装方式使得 EPON 技术非常适于承载 IP 业务，同时也使其面临一个重大的难题——难以承载语音或电路方式数据等 TDM 业务。EPON 是基于以太网的异步传送网络，它没有全网同步的高精度时钟，无法满足 TDM 业务的定时和同步要求。既要解决 TDM 业务的定时同步问题，又要保证 TDM 业务的 QoS 等技术，则不仅要在 EPON 系统自身设计上进行改进，还需要采用一些特定的技术。

　　目前，在 EPON 系统上实现 TDM 业务传输最主要的一种方法是基于分组交换网络的电路仿真技术（CESoP，Circuit Emulation over Packet Switched Net）。CESoP 技术是指在非 TDM 网络上进行电路仿真实现 TDM 业务，如 E1/T1、E3/DS3 或 STM-1 等在分组交换网络上的传送。其基本原理就是在分组交换网络上搭建一个"通道"，通过增加报头，用 IP 包封装每个 T1 或 E1 帧，再通过分组交换网（PSN）传到对端。目的端收到数据包后重新生成同步时钟信号，同时去掉数据包中的 IP 报头，把其他数据转化成原始的 TDM 数据流，从而使网络两端的 TDM 设备不关心其连接的网络是否为 TDM 网络。CESoP 对 E1 来说是透明传输的，所以它对传统电信网络的兼容性非常好，所有传统网络的协议、信令、数据、语音、图像等业务,都能够原封不动地使用该项新技术,而且相关的设备不需作任何改动,可使电信运营商充分利用现有资源,把传统 TDM 业务应用在 IP 网上。

3.1.4　EPON 的优点

EPON 的优点主要表现在以下几个方面:

(1) 成本相对较低,维护简单,容易扩展,易于升级。

(2) EPON 结构在传输途中不需要电源,没有电子部件,因此容易铺设,基本不用维护,节省了很多长期运营成本和管理成本;EPON 系统对局端资源占用很少,模块化程度高,系统初期投入低,扩展容易,投资回报率高;EPON 系统是面向未来的技术,大多数EPON 系统都是一个多业务平台,对于向全 IP 网络过渡是一个很好的选择。

(3) 能够提供非常高的带宽。EPON 目前可以提供上、下行对称的 1.25 Gb/s 带宽,并且随着以太网技术的发展可以升级到 10 Gb/s。

(4) 服务范围大。EPON 作为一种点到多点网络,可以利用局端单个光模块及光纤资源服务大量终端用户。

3.2　EPON 的传输原理

3.2.1　EPON 的工作过程

EPON 技术原理

EPON 的工作过程如下:首先启动注册过程,当 OLT 启动后,它会周期性地在 PON 端口上广播允许接入的时隙 GATE 等信息;ONU 上电后,根据 OLT 广播的允许接入信息,主动发起注册请求;OLT 通过对ONU 的认证(本过程可选),允许 ONU 接入,并给请求注册的 ONU 分配一个本 OLT 端口唯一的逻辑链路标识(LLID);接着 OLT 向新发现的 ONU 发送注册消息,ONU 发送注册确认消息;OLT 还可以要求 ONU 重新进行发现进程并重新注册,ONU 也可以通知 OLT请求注销。

在整个工作过程中,OLT 完成的操作主要有:

- 产生时间戳消息,用于系统参考时间;
- 通过 MPCP 帧指定带宽;
- 进行测距操作;
- 控制 ONU 注册。

ONU 完成的操作主要有:

- 通过下行控制帧的时间戳同步于 OLT;
- 等待发现帧(GATE);
- 进行发现处理,包括测距、指定物理 ID 和带宽;
- 等待授权,ONU 只能在授权时间内发送数据。

3.2.2　EPON 的下行传输

在下行传输方向，数据以广播方式从 OLT 到多个 ONU 传送，根据 IEEE 802.3ah 协议，每一个数据帧的帧头包含前面注册时分配的、特定 ONU 的逻辑链路标识（LLID），该标识表明本数据帧是给 ONU（ONU1、ONU2、ONU3、…、ONUn）中的唯一一个。另外，部分数据帧可以是给所有的 ONU（广播）或者特殊的一组 ONU（组播），在图 3－4 所示的组网结构下，在无源分光器处，流量分成三组独立的信号，每一组传输所有 ONU 的信号。当数据帧到达 ONU 时，ONU 根据 LLID 在物理层上进行判断，接收属于自己的数据帧，丢弃其他 ONU 的数据帧。

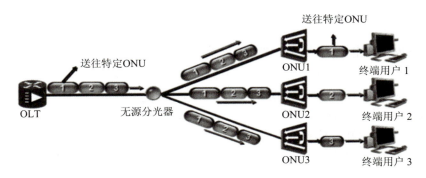

图 3－4　EPON 的下行传输原理

3.2.3　EPON 的上行传输

如图 3－5 所示，上行传输采用时分多址接入技术（TDMA），分时隙给 ONU 传输上行流量。当 ONU 注册成功后，OLT 会根据系统的配置，给 ONU 分配特定的带宽（在采用动态带宽调整时，OLT 会根据指定的带宽分配策略和各个 ONU 的状态报告，动态地给每一个 ONU 分配带宽）。对于 EPON 来说，带宽就是可以传输多少数据的基本时隙，每一个基本时隙长度为 16 ns。在一个 OLT 端口（PON 端口）下面，所有的 ONU 与 OLT PON 端口之间的时钟是严格同步的，每一个 ONU 只能在 OLT 给它分配的时刻开始，用分配给它的时隙长度传输数据。通过时隙分配和时延补偿，确保多个 ONU 的数据信号耦合到一根光纤时，才能保证各个 ONU 的上行包互不干扰。

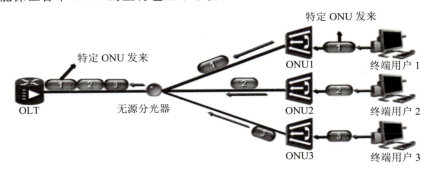

图 3－5　EPON 的上行传输原理

3.2.4 EPON 的安全性

传统的以太网中对物理层和数据链路层的安全性考虑甚少,这是因为在全双工的以太网中是点对点的传输,而在共享媒体的 CSMA/CD 以太网中,用户属于同一区域。但在点到多点传输的模式下,EPON 的下行信道以广播方式发送,任何一个 ONU 可以接收到 OLT 发送给所有 ONU 的数据包。这对于许多应用,如付费电视、视频点播等业务来说是不安全的。MAC 层之上的加/解密控制只对净负荷加密,而保留帧头和 MAC 地址信息,因此非法 ONU 仍然可以获取任何其他 ONU 的 MAC 地址;MAC 层以下的加密可以使 OLT 对整个 MAC 帧各个部分加密,主要方法是给合法的 ONU 分配不同的密钥,利用密钥可以对 MAC 地址的字节、净负荷、校验字节甚至整个 MAC 帧加密。

根据 IEEE 802.3ah 规定,EPON 系统的物理层传输的是标准的以太网帧,对此,802.3ah 标准中为每个连接设定 LLID 逻辑链路标识,每个 ONU 只能接收带有属于自己 LLID 的数据包,其余的数据包丢弃不再转发。LLID 主要是为了区分不同连接而设定的,ONU 侧如果只是简单地根据 LLID 进行过滤很显然是不够的,为此物理层 ONU 只接收自己的数据帧,AES 加密,ONU 认证。EPON 在上行传输时,所有 ONU 之间的通信都必须通过 OLT,在 OLT 可以设置允许和禁止 ONU 之间的通信,在缺省状态下是禁止的,所以安全方面不存在问题。对于下行方向,由于采用广播方式传输数据,为了保障信息的安全,可从以下几个方面进行保障:

(1) 所有的 ONU 接入时,系统可以对 ONU 进行认证,认证信息是 ONU 的一个唯一标识(如 MAC 地址或者是预先写入 ONU 的一个序列号),只有通过认证的 ONU,系统才允许其接入。

(2) 对于给特定 ONU 的数据帧,其他的 ONU 在物理层上也会收到数据,在收到数据帧后,首先会比较 LLID(处于数据帧的头部)是否属于自己,如果不是,就直接丢弃,数据不会上二层,这是在芯片层实现的功能,对于 ONU 的上层用户,如果想窃听其他 ONU 的信息,除非自己去修改芯片。

(3) 每一对 ONU 与 OLT 之间可以启用 128 位的 AES 加密。各个 ONU 的密钥是不同的。

(4) VLAN 隔离。通过划分 VLAN 的方式将不同的用户群或者不同的业务限制在不同的 VLAN 中,保证相互之间的信息隔离。

3.3 EPON 协议栈

3.3.1 EPON 协议栈模型

对于以太网技术而言,PON 是一种新的媒质。802.3 工作组定义了新的物理层,而对于以太网 MAC 层以及 MAC 层以上,则尽量进行最小的改动以支持新的应用和媒质。EPON 的层次模型如图 3-6 所示。

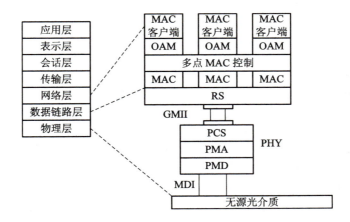

图 3－6　**EPON 的层次模型**

3.3.2　EPON 数据链路层

　　EPON 的数据链路层由 OAM 子层、多点 MAC 控制子层和 MAC 子层组成。OAM（Operation & Administration & Management，运行管理维护）子层给网络管理员提供了一套网络健壮性监测和链路错误定位以及出错状况分析的方法。多点 MAC 控制子层主要负责 ONU 的接入控制，通过 MAC 控制帧完成对 ONU 的初始化、测距和动态带宽分配，采用申请/授权（request/grant）机制，执行一整套多点控制协议（MPCP）。多点 MAC 控制定义了点对多点光网络的 MAC 控制操作。MAC 子层用于在共享介质中解决冲突。MAC 子层将上层通信发送的数据封装到以太网的帧结构中，并决定数据的安排、发送和接收。在 EPON 协议中，新增了五种 MAC 控制帧，其中注册 MAC 控制帧有四种，即注册允许帧（Discovery Gate）、注册请求帧（Register Request）、注册帧（Register）和注册确认帧（Register ACK）。

3.3.3　EPON 物理层

　　EPON 物理层通过 GMII 接口与 RS 层相连，担负着为 MAC 子层传送可靠数据的责任。物理层的主要功能是将数据编成合适的线路码，完成数据的前向纠错，通过光电转换、电光转换完成数据的收发。

　　整个 EPON 物理层由以下几个子层构成：

　　（1）物理编码子层（PCS）；

　　（2）前向纠错子层（FEC）；

　　（3）物理媒体附属子层（PMA）；

　　（4）物理媒体依赖子层（PMD）。

　　同千兆以太网的物理层相比，唯一不同的是 EPON 的物理层多了一个前向纠错子层（FEC），其他各层的名称、功能、顺序没有太大的变化。前向纠错子层完成前向纠错的功能。这个子层是一个可选的子层，它处在物理编码子层和物理媒体附属子层中间。它的存在和引入使使用者在选择激光器、分光器的分路比、接入网的最大传输距离时有了更大的自由。从宏观上讲,除了 FEC 层和 PMD 层以外,各子层基本上可以同千兆以太网兼容。

1. PCS 子层

PCS 子层处于物理层的最上层。PCS 子层上接 GMII 接口,下接 PMA 子层,其实现的主要技术为 8 b/10 b、10 b/8 b 编码变换。由于 10 bit 的数据能有效地减小直流分量,便于接收端的时钟提取,降低误码率,因此 PCS 层需要把从 GMII 口接收到的 8 位并行的数据转换成 10 位并行的数据输出。这个高速的 8b/10b 编码器的工作频率为 125 MHz,其编码原理是基于 5b/6b 和 3b/4b 两种编码变换。PCS 的主要功能模块如下:

发送过程:从 RS 层通过 GMII 口发往 PCS 层的数据经过发送模块的处理(主要是 8b/10b),根据 GMII 发来的信号连续不断地产生编码后的数据流,经 PMA 的数据请求原语把它们立即发往 PMA 服务接口。输入的并行八位数据变为并行的十位数据发往 PMA。

自动协商过程:设置标识通知 PCS 发送过程发送的是空闲码、数据,还是重新配置链路。

同步过程:PCS 同步过程经 PMA 数据单元指示原语连续接收码流,并经同步数据单元指示原语把码流发往 PCS 接收过程。PCS 同步过程设置同步状态标志指示 PMA 层发送来的数据是否可靠。

接收过程:从 PMA 经过同步数据单元指示原语连续接收码流。PCS 接收过程监督这些码流并产生传输给 GMII 的数据信号,同时产生供载波监听和发送过程使用的内部标识、接收信号、监测包间空闲码。PCS 子层的发送、接收过程在自动协商的指示下完成数据收发、空闲信号的收发和链路配置功能。具体数据的收发满足 RD 平衡规则。在链路上传输的数据除了 256 个数据码之外,还有 12 个特殊的码组作为有效的命令码组。

在 EPON 系统中,按照单纤双向全双工的方式传送数据。当 OLT 通过光纤向各 ONU 广播时,为了对各 ONU 进行区别,保证只有发送请求的 ONU 能收到数据包,802.3ah 标准引入了 LLID。这是一个两字节的字段,每个 ONU 由 OLT 分配一个网内独一无二的 LLID 号,这个标识号决定了哪个 ONU 有权接收广播的数据。EPON 的帧结构如图 3-7 所示。

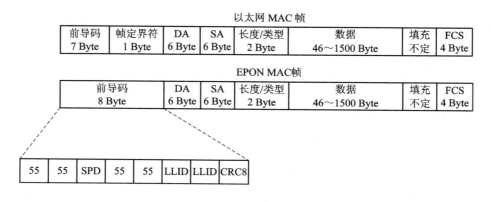

图 3-7 EPON 的帧结构

LLID 字段占据了原千兆以太网 802.3z 中前导码(preamble)部分两个字节的空间,同 802.3z 标准相比,SPD(或称 SLD,LLID 定界符在 EPON 中为 0XD5)的位置也滞后了。对于 EPON 中新增的 LLID，可以把它当作数据发送出去，不用对 PCS 进行变动，但是对于 EPON 中 SPD 位置的变化，必须给予足够的重视。我们知道，普通的千兆网技术发送状态机根据 EVEN 或 ODD 的指示将第一个或第二个字节用/S/来替代，也就是说 SPD 的位置可以是变化的。而在 EPON 的 PCS 技术中，SPD 的位置是固定的，要准确地把前导码的第三个字节用/S/来替代，否则 ONU 会收不到正确的以太网包。这是因为 SPD 在整个 8 字节的前导码中有固定的位置，它起着指示 LLID 和 CRC 位置的作用。如果它不能出现在以太网包头中的第三个字节，那么就得不到正确的 LLID 值。没有正确的 LLID，处于等待状态的 ONU 就得不到想要的数据。

在各 ONU 向 OLT 突然发送数据的时候，得到授权的 ONU 在规定时隙内发送数据包，没有得到授权的 ONU 处于休息状态。这种在上行时不是连续发送数据的通信模式称为突发通信。在 OLT 侧，PCS 的发送和接收都处于连续的工作模式；而在 ONU 侧的 PCS 子层的接收方向是连续接收 OLT 侧来的广播数据，在发送方向，却是在断断续续地工作。因此 EPON 的 PCS 子层不仅要能像普通的千兆 PCS 子层一样在连续的数据流状态下正常工作，在面对突发发送和突发接收时也要保持稳定。其中 OLT 侧的突发同步和突发接收是实现 EPON 系统 PCS 子层技术的关键。

2. FEC 子层

FEC 子层的位置处在 PCS 和 PMA 之间，是 EPON 物理层中的可选部分。它的主要功能如下：

发送：FEC 子层接收从 PCS 层发过来的包，先进行 10b/8b 的变换，然后执行 FEC 编码算法，用校验字节取代一部分扩展的包间间隔，最后再把整个包进行 8b/10b 编码并把数据发给 PMA 层。

字节对齐：FEC 子层接收 PMA 层的信号，对齐帧。当选择使用 FEC 子层时，PMA 子层的字节对齐就被禁止了。

接收：把经字节对齐之后的数据进行 RS 译码、插入空闲码后发送到 PCS 层。

对于 EPON 系统而言，使用前向纠错技术的具体优点可以概括如下：

（1）可以减小激光器发射功率预算，减少功耗。

（2）可以增加光信号的最大传输距离。

（3）能有效地减小误码率，满足高性能光纤通信系统的要求，可以使误码率从纠错前的 10～4 降至纠错后的 10～12。

（4）大分路比的分光器的衰减很大，配合使用前向纠错技术，在同样的接入距离内，可以使用大分路比的分光器支持更多的接入用户。

（5）可以选择价格低廉的 FP 激光器作为光源，大幅降低成本，减少了在光模块方面的开销。

前向纠错技术也有一些不足之处：FEC 会增加开销，增加系统的复杂性，减小有效传输速率。但总的看来，它为系统带来的好处远大于它带来的不便，是一个很好的选择方案。此外，EPON 中使用的光器件均为无源光器件，因此信号的传输距离有限，在一些接入距离较大的地方，FEC 技术尤其重要。

3. PMA 子层

EPON 的 PMA 子层技术与千兆以太网 PMA 子层技术类似,其主要功能是完成串/并、并/串转换,时钟恢复并提供环回测试功能,它与相邻子层的接口为 TBI 接口。

4. PMD 子层

EPON 的 PMD 子层的功能是完成光/电、电/光转换,按 1.25 Gb/s 的速率发送或接收数据。802.3ah 要求传输链路全部采用无源光器件,光网络能支持单纤双向全双工传输。上、下行的激光器分别工作在 1310 nm 和 1490 nm 窗口;当光分路比较小时,光信号的传输要做到无中继最大传输 20 km。

按所处位置的不同,光模块又可以分为局端和远端两种。对于远端的光模块而言,接收机处于连续工作状态,而发送机则工作于突发模式,只有在特定的时间段里激光器才处于打开状态,而在剩下的时间段里,激光器并不发送数据。由于激光器发送数据的速率是 1.25 Gb/s,因此要求激光器开关的速度要足够快。同时要求在激光器处于关闭状态时,使从 PMA 层发送过来的信号全部为低,以确保不工作的 ONU 激光器的输出总功率叠加后不会对正在工作的激光器的信号造成畸变影响。

3.4 EPON 的关键技术

3.4.1 多点控制协议

1. 协议简介

MPCP(Multi-Point Control Protocol,多点控制协议)是 EPON MAC 控制子层的协议。MPCP 定义了 OLT 和 ONU 之间的控制机制,用来协调数据的有效发送和接收。EPON 系统通过一条共享光纤将多个 DTE 连接起来,其拓扑结构为非对称的基于无源分光器的树型分支结构。MPCP 就是使这种拓扑结构适用于以太网的一种控制机制。

多点控制协议

EPON 作为 EFM 讨论标准的一部分,建立在 MPCP 基础上。它使用消息、状态机、定时器来控制访问 P2MP(点到多点)的拓扑结构。P2MP 拓扑结构中的每个 ONU 都包含一个 MPCP 的实体,用于和 OLT 中 MPCP 的一个实体相互通信。作为 MPCP 的基础,EPON 实现了一个 P2P 仿真子层,该子层使得 P2MP 网络拓扑对于高层来说成为多个点对点链路的集合。该子层是通过在每个数据包的前面加上一个 LLID(Logical Link Identification,逻辑链路标识)来实现的,该 LLID 将替换前导码中的两个字节。PON 将拓扑结构中的根结点看作主设备,即 OLT;将位于边缘部分的多个结点看作从设备,即 ONU。MPCP 在点对多点的主从设备之间规定了一种控制机制以协调数据的有效发送和接收。系统运行过程中,上行方向在一个时刻只允许一个 ONU 发送,位于 OLT 的高层负责处理发送的定时、不同 ONU 的拥塞报告,从而优化 PON 系统内部的带宽分配。EPON 系统通过 MPCPDU 来实现 OLT 与 ONU 之间的带宽请求、带宽授权、测距等。

MPCP 涉及的内容包括 ONU 发送时隙的分配、ONU 的自动发现和加入、向高层报告拥塞情况以便动态分配带宽等。

2. MPCP 数据单元帧

MPCP 数据单元帧为 64 Byte 的 MAC 控制帧，其帧结构如图 3-8 所示。

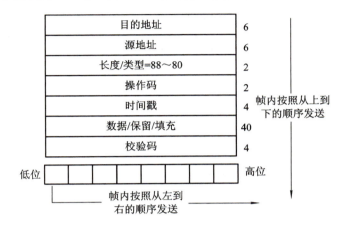

图 3-8　MPCP 数据单元帧

（1）目的地址（DA）：是 MAC 控制组播地址，或是与 MPCPDU 目的端口相关联的单独的 MAC 地址。

（2）源地址（SA）：是与发送 MPCPDU 的端口相关联的单独的 MAC 地址。

（3）长度/类型：MPCPDU 都要进行类型编码，并且承载 MAC_Control_Type 域值。

（4）操作码：用于指示所封装的特定 MPCPDU。

（5）时间戳：在 MPCPDU 发送时刻，时间戳传递 localTime 寄存器中的内容。

（6）数据/保留/填充：这 40 个 8 位字节用于 MPCPDU 的有效载荷。当不使用这些字节时，在发送时填充为 0，并在接收时忽略。

（7）校验码：该域为帧校验序列，一般由下层 MAC 产生，使用 CRC32。

3. MPCP 控制帧

MPCP 定义了 6 种控制帧，分别是 GATE、REPORT、REGISTER_REQ、REGISTER、REGISTER_ACK、PAUSE，用于 OLT 与 ONU 之间的信息交换。

（1）GATE：选通消息控制帧，由 OLT 发出。接收到 GATE 帧的 ONU 会立即发送数据，或者在指定的时间段发送数据。

（2）REPORT：报告消息控制帧，由 ONU 发出，向 OLT 报告 ONU 的状态，包括该 ONU 同步于哪一个时间戳，以及是否有数据需要发送。

（3）REGISTER_REQ：注册请求消息控制帧，由 ONU 发出，在注册规程处理过程中请求注册。

（4）REGISTER：注册消息控制帧，由 OLT 发出，在注册规程处理过程中通知 ONU 已经识别了注册请求。

（5）REGISTER_ACK：注册确认消息控制帧，由 ONU 发出，在注册规程处理过程中表示注册确认。

（6）PAUSE：暂停消息控制帧，接收方在功能参数标明的时间段停止发送非控制帧的请求。

4. ONU 自动发现与注册

在 EPON 系统中，最开始也是最重要的是解决 ONU 的注册问题。在系统中新增加 ONU 或更换新的 ONU 都需要能自动加入并影响其他正常工作的 ONU。ONU 的自动加入是 EPON 系统中的关键技术之一。其自动发现与注册过程如图 3-9 所示。

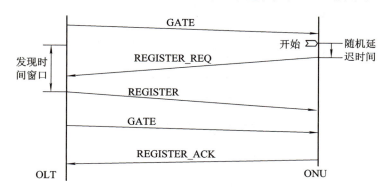

图 3-9　ONU 自动发现与注册过程

自动发现与注册过程的具体步骤如下：

（1）OLT 通过广播一个发现 GATE 的消息来通知 ONU 发现窗口的周期。

（2）ONU 发送含 MAC 地址的注册请求消息 REGISTER_REQ。为减少冲突，REGISTER_REQ 消息要有一段随机延迟时间，该时间段应小于发现时间窗口的长度。

（3）OLT 接收到有效 REGISTER_REQ 消息后，注册 ONU，分配和指定 LLID，并与相应的 MAC 地址与 LLID 绑定。

（4）OLT 向新发现的 ONU 发送注册消息，ONU 发送注册确认消息 REGISTER_ACK。至此，发现进程完成，可以正常发送消息流。

（5）OLT 可以要求 ONU 重新进行发现进程并重新注册。ONU 也可以通知 OLT 请求注销，然后通过发现进程重新注册。

3.4.2　突发控制技术

EPON 采用 TDMA 技术进行上行信号的传输，此时会面临着上行信号的突发发射和突发接收问题。

1. 突发发射

ONU 在什么时候发送数据是由 OLT 来指示的。当 ONU 发送数据时，打开激光器，发送数据；当 ONU 不发送数据时，为了避免对其他 ONU 的上行数据造成干扰，必须完全关闭激光器。ONU 上的激光器需要不断地快速（纳秒级）打开和关闭。传统的 APC（自动功率控制）回路是针对连续模块传输设计的，其偏置电流不变，不能适应突发模式快速响应的需求。解决方案之一是采用数字 APC 电路，在每个 ONU 突发发送期间的特定时间点对激光器输出的光信号进行采样，并按一定算法调整直流偏置，采样值在两段数据发送间隔内保存下来，这样就解决了突发模式下的自动功率控制问题。突发发射示意图如图 3-10 所示。

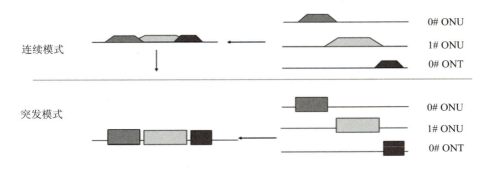

图 3-10　突发发射

2. 突发接收

上行信号的突发接收包括两个层面，一个是时序，另一个是功率。OLT 要接收来自不同距离的 ONU 数据包，并恢复它们的幅度，但因 ONU 到 OLT 的距离不同，所以它们的数据包到达 OLT 时的功率变化很大。在极限情况下，从最近 ONU 发来的代表 0 信号的光强度甚至比从最远 ONU 传来的代表 1 信号的光强度还要大，为了正确恢复原有数据，必须根据每个 ONU 的信号强度实时调整接收机的判决门限（阈值线）。连续接收与突发接收的比较如图 3-11 所示。

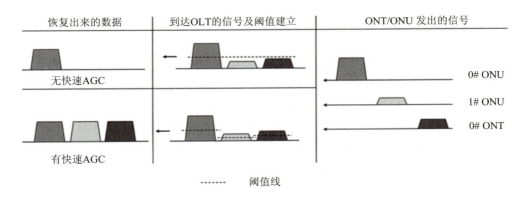

图 3-11　连续接收与突发接收的比较

3.4.3　测距与同步技术

1. 测距的必要性

EPON 的上行方向是一个多点到一点的网络，由于各 ONU 与 OLT 之间的物理距离不同，或因环境变化、光器件老化等原因，如果让每个 ONU 自由发送信号，而不考虑 ONU 之间信号传输的时间延迟差异，那么来自不同 ONU 的信号在到达 OLT 时就会发生冲突。采用测距及控制技术可有效避免此种情况，如图 3-12 所示。

测距技术原理

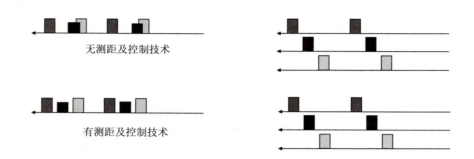

图 3－12　有无测距及控制技术的对比图

2. 测距原理

为补偿因 ONU 距离不同而产生的时延差异,首先引入一变量 RTT(Round Trip Time),它代表测量的每一个 ONU 到 OLT 之间的距离。对测得的 RTT 进行补偿,并通知每个 ONU 调整信号发射时间,以保证该 ONU 的上行信号在规定的时间到达 OLT 而不发生冲突。这种首先测量 ONU 的逻辑距离,然后将 ONU 都调整到与 OLT 的逻辑距离相同的地方的过程就是测距。

测距原理如图 3－13 所示。在注册过程中,OLT 对新加入的 ONU 启动测距过程。OLT 有一本地时钟,它在 T1 时刻发送携带了时间标签的 GATE 帧,经过一段传输延时到达 ONU 后,ONU 将本地时间计数器更新为 T1,再经过一段时间的等待,在 T2 时刻将携带本地时钟信息的 MPCP 帧发送给 OLT,在 T3 时刻到达 OLT,则 RTT＝(T3－T1)－(T2－T1)＝T3－T2。

OLT 也可以在收到 MPCP PDU 的任何时候启动测距功能。从 RTT 的计算公式可以看出,OLT 收到 ONU 的 MPCP 帧时,本地时钟计数器的绝对时间标签域减去 MPCP 时间标签域的值即为该 ONU 的 RTT 值。根据 RTT 可调整 ONU 的发射时间,使不同 ONU 时隙到达 OLT 时,不仅可以一个接着一个,还可以在中间留有一保护带。这样不仅能够避免各 ONU 之间的冲突,还可以充分利用上行带宽。这种方法也是 EPON 的同步技术。

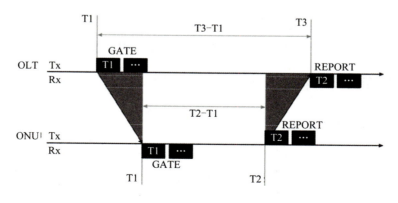

图 3－13　测距原理

3.4.4　动态带宽分配技术

　　EPON 的上行信道采用 TDMA 方式，多个 ONU 共享带宽，OLT 需按照一事实上的规则进行上行带宽的分配。带宽分配有静态带宽分配和动态带宽分配两种方法。静态带宽分配是将上行带宽固定划分为若干份，分配给每一个 ONU。在传统的 TDM 业务中，由于业务需求是恒定的，因此可以采用静态带宽分配方法。而对于以 IP 业务为主导的现代通信网而言，由于其业务具有突发性，流量不再恒定，静态带宽分配会导致网络带宽利用率下降。因此，EPON 系统通常采用动态带宽分配或动态与静态相结合的分配方案。

　　动态带宽分配（Dynamically Bandwidth Assignment，DBA）是一种能在微秒或毫秒级的时间间隔内完成对上行带宽动态分配的机制。

　　DBA 有两种机制，一种为报告机制，另一种为不需要报告的机制。报告机制是指根据 ONU 上报给 OLT 的带宽需求信息来分配带宽，其原理如图 3-14 所示。首先由 OLT 发起命令，要求 ONU 上报队列状态；接着 ONU 上报带宽需求；然后 OLT 根据 ONU 需求和 DBA 算法分配带宽，ONU 根据分配的带宽在指定时隙内发送数据。

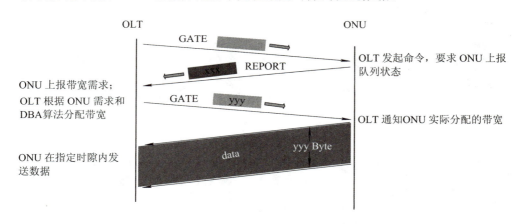

图 3-14　EPON 采用报告机制的 DBA 原理

　　在不需要报告机制的 DBA 中，OLT 不要求 ONU 上报队列状态，而是通过监测 ONU 在一定时间内 ONU 上行数据的波动情况，根据一定算法预测出带宽需求，将其换算成时隙分配给 ONU。实际应用中，由于不需要报告机制的 DBA 需要复杂的流量统计和预测，因此较少采用。

　　通信网中的主要业务包括语音、数据和视频等。不同业务的特点不同，可划分为不同的优先级，分配不同的带宽。一般语音业务的优先级最高，视频业务的优先级次之，数据业务的优先级最低。常见的带宽类型主要有最大带宽、最小带宽、固定带宽、保证带宽、尽力而为带宽等以及它们的组合。最大带宽和最小带宽用于对每个 ONU 的带宽进行极限限制；固定带宽主要用于 TDM 业务或高优先级业务，通常采用静态带宽分配的方法以保证 QoS；保证带宽是在系统上行流量发生拥塞的情况下仍然可以保证 ONU 获得的带宽，它不是恒定不变地分配给某一个 ONU，而是会根据业务的优先级或实际业务需求，把剩余带宽分配给其他有需求的 ONU；尽力而为带宽是 OLT 根据在线 ONU 报告信息将总的剩余带宽分配给 ONU；通常分配给优先级较低的业务。

【实训指导】

3.5 EPON 设备认知

EPON 设备主要包括光线路终端(OLT)、光网络单元(ONU)和无源光器件。

3.5.1 OLT

目前,EPON 设备的生产厂家主要有华为、中兴、烽火等。OLT 设备型号主要有:华为 SmartAX 系列产品,如 MA5680T、MA5683T、MA5608T 等;中兴 ZXA10 系列产品,如 C220、C300 等;烽火 AN5516-01、AN5516-02 等。常用的 OLT 设备外形如图 3-15 所示。

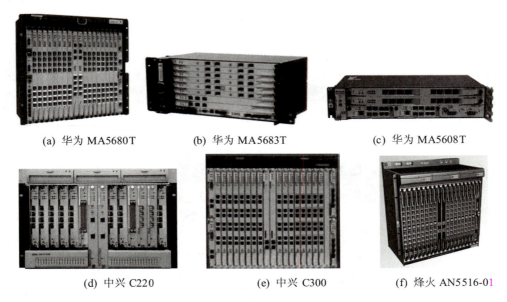

(a) 华为 MA5680T   (b) 华为 MA5683T   (c) 华为 MA5608T

(d) 中兴 C220   (e) 中兴 C300   (f) 烽火 AN5516-01

图 3-15 常用的 OLT 设备外形

本节以华为 MA5608T 为例介绍 OLT 设备的组成及使用方法。

1. 华为 MA5608T 机框介绍

华为 MA5608T 支持 IEC 19 英寸(48.26 cm)和 ETSI 21 英寸(53.34 cm)两种机框;机框高度为 2U(1U 约为 4.445 cm)不带挂耳的外形尺寸为 442 mm×244.5 mm×88.1 mm(宽×深×高),采用 IEC 规格挂耳时的外形尺寸为 482.6 mm×244.5 mm×88.1 mm(宽×深×高),采用 ETSI 规格挂耳时的外形尺寸为 535 mm×244.5 mm×88.1 mm(宽×深×高);空配置时重量为 3.55 kg。MA5608T 的外观如图 3-16 所示。

为了适应不同的应用环境,MA5608T 支持直流/交流两种供电方式,电源参数如表 3-1 所示。

图 3 - 16　MA5608T 外观图

表 3 - 1　MA5608T 电源参数

项　　目	参　　数
供电方式	直流/交流
额定电压	直流供电：－48 V/－60 V； 交流供电：110 V/220 V
工作电压范围	直流供电：－38.4 V～－72 V； 交流供电：100 V～240 V
最大输入电流	直流供电：10 A； 交流供电：6 A

MA5608T 支持的背板为 H801MABR，其典型配置图如图 3 - 17 所示。其中：0 号和 1 号槽位为业务板槽位，可配置多种业务板，如 TMD 业务处理板、GPON 业务板、EPON 业务板等，且支持不同业务板混配，增加了设备的灵活性；2 号和 3 号槽位为主控板槽位，可配置主控板，2 个槽位需配置相同的主控板，建议主控板双配；4 号槽位为电源板槽位，可根据应用环境的不同，采用双 DC 电源板 MPWC 或者 AC 电源板 MPWD。

风扇框	0	业务板				
	1	业务板				
	2	主控板	3	主控板	4	电源板

图 3 - 17　MA5608T 典型配置图

为了确保设备在稳定的状态下工作，MA5608T 还设有风扇框，风扇框中配有 2 个风扇，如图 3 - 18 所示。风扇框具有以下功能：

（1）散热：风扇框插在机箱的左侧，采用吹风方式实现业务框的通风散热。冷风从机框左侧进入，经过机箱内各单板后，由机箱右侧排出。

（2）监控：风扇框中配置有风扇监控板，下发调速信号给风扇，并收集风扇的转速信号传递给主控系统。

图 3 - 18　MA5608T 风扇框

(3) 调速：风扇的转速可根据检测出的环境温度自动调节，也可通过软件手动配置。
风扇框的告警指示灯说明见表 3-2。

表 3-2 风扇框告警指示灯说明

指示灯	指示灯状态	状态描述	操作说明
FAN	绿灯常亮	风扇框工作正常	无须处理
	红灯常亮	风扇框工作异常	可能存在电源告警或温度传感器告警，需根据告警进行相应处理； 可能存在高、低温告警，需调整风扇风速； 主机和风扇框之间的通信可能中断，需检查风扇框与设备的通信连接情况； 风扇可能出现故障，需更换故障风扇框

2. 华为 MA5608T 单板介绍

1) MCUD(小规格控制单元板)

MCUD 是系统控制和业务交换汇聚的核心，同时也可作为统一网管的管理控制核心，
其原理框图如图 3-19 所示。MCUD 通过主从串口、带内的 GE/10GE 通道和业务板传递
关键管理控制信息，完成对整个产品的配置、管理和控制，同时实现简单路由协议等功能。

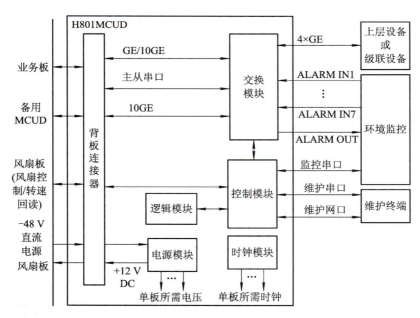

图 3-19 MCUD 的原理框图

MCUD 各模块的功能如下：控制模块实现本板及业务板的管理；逻辑模块实现逻辑控
制等；电源模块为单板内各功能模块提供工作电源；时钟模块为单板内各功能模块提供工
作时钟；交换模块提供 GE/10GE 接口，实现基于二层或三层的业务交换和汇聚。

MCUD 提供 4 个 GE，用于面板上行接口；提供 2 个 GE/10GE，用于与每块业务板实

现 GE/10GE 交换；提供 1 个 10GE，用于与备用 MCUD 实现负荷分担。

MCUD 面板接口及其功能如图 3-20 所示。

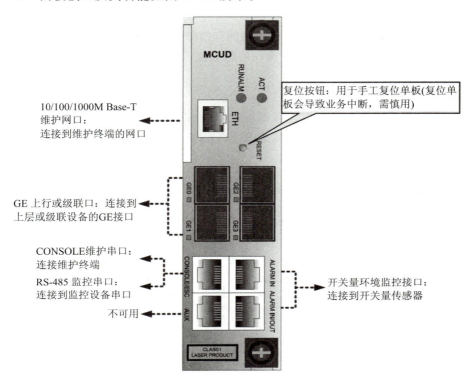

图 3-20　MCUD 面板接口及其功能

MCUD 告警指示灯说明见表 3-3。

表 3-3　MCUD 告警指示灯说明

指示灯丝印	指示灯名称	指示灯状态	状 态 描 述
RUNALM	运行状态指示灯	绿灯闪烁	单板运行正常
		红灯闪烁	单板启动中
		橙灯闪烁	高温告警
		红灯常亮	单板运行故障
ACT	主/备用指示灯	绿灯常亮	主备模式、负荷分担模式时，单板处于主用状态
		绿灯闪烁	负荷分担模式时，单板处于备用状态
		绿灯灭	主备模式时，单板处于备用状态
GE0~GE3	链路/数据状态指示灯	绿灯常亮	端口建立连接
		绿灯闪烁	有数据传输
		绿灯灭	端口无连接/无数据传输

2）MPWC（双 DC 电源板）

MPWC 是双 DC 电源板，用于引入-48 V 直流电源，为设备供电。具体功能和规格

如下:

（1）支持 2 路－48 V 直流电源输入。

（2）支持电源输入口滤波，具有防护功能。

（3）支持输入欠压检测、输入电源有无检测和故障检测。

（4）支持防护告警和单板在位信号合在一起上报。

（5）具有电源指示功能。

MPWC 单板各模块的功能如下:

（1）MPWC 单板由 3.3 V 电源连接器引入－48 V 电源，经过滤波电路和限流防护电路后输出到背板，为机框其他单板供电，如图 3－21 所示。

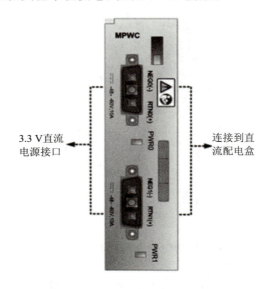

3.3 V 直流电源接口 ←

连接到直流配电盒 →

图 3－21　MPWC 面板接口图

（2）检测上报电路对防护保险管进行故障检测，检测到的信号与单板在位信号合在一起上报到主控板，并通过指示灯显示。

（3）检测上报电路检测有无输入欠压和输入电源。

（4）E^2PROM 电路用于存储单板制造信息。

（5）从背板引入 5 V/3.3 V 电源给单板内部分芯片供电。

MPWC 告警指示灯说明见表 3－4。

表 3－4　MPWC 告警指示灯说明

指示灯丝印	指示灯名称	指示灯状态	状态描述
PWR0/PWR1	电源板输出指示灯	绿灯常亮	电源板输出正常
		绿灯灭	电源板输出故障

3）EPSD（8 端口 EPON OLT 接口板）

EPSD 单板为 8 端口 EPON OLT 接口板，通常与 ONU 设备配合，实现 EPON 系统的 OLT 功能。

EPSD 单板的工作原理如图 3－22 所示。其中各模块的功能如下:

（1）控制模块完成对单板的软件加载、运行控制和管理等。

（2）交换模块实现 8 个 EPON 端口信号的汇聚，以及 EPON 光信号和以太网报文的相互转换。

（3）电源模块接收来自背板的－48 V 电源，将其转换成本单板各功能模块的工作电源。

（4）时钟模块为本单板内各功能模块提供工作时钟。

（5）接口模块为光接口，提供 8 个下行千兆 PON 口，通过无源光网络与 ONU 连接。

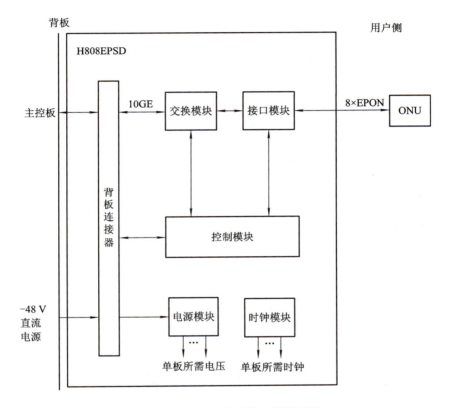

图 3 - 22　EPSD 单板的工作原理图

EPSD 面板接口图如图 3－23 所示。

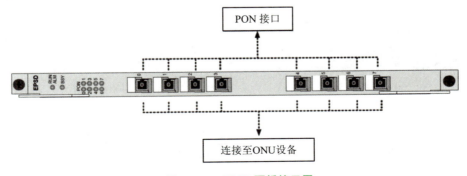

图 3 - 23　EPSD 面板接口图

EPSD 告警指示灯说明见表 3 - 5。

表 3 - 5　EPSD 告警指示灯说明

指示灯丝印	指示灯名称	指示灯状态	状 态 描 述
RUN ALM	运行状态指示灯	红灯闪烁	单板启动过程中 APP 启动阶段
		绿灯闪烁(周期 0.25 s)	单板启动过程中与主控板通信阶段
		绿灯闪烁(周期 1 s)	单板运行正常
		橙灯闪烁	高温告警
		红灯常亮	单板故障
BSY	业务在线指示灯	绿灯闪烁	单板有业务运行
		绿灯灭	单板无业务运行
0, 1, …, 7	PON 端口指示灯	绿灯亮	对应的 PON 端口有 ONT 在线
		绿灯闪烁	接口模块不生效
		绿灯灭	对应的 PON 端口无 ONT 在线

3.5.2　ONU

ONU 可以提供数据、视频、语音等多种业务。市场上 ONU 种类众多,主要有华为、中兴、烽火等多家产品类型。实际应用时通常选择与 OLT 相同的厂家,以避免通信的不兼容。

华为 ONU 系列产品中,支持 EPON 技术,用于 FTTH 的产品型号主要有 HG810e、HG813e、HG866e、HG850e 等,分别支持不同的接口类型和接口数量;用于 FTTB 的产品型号主要有 MA5610、MA5612、MA5616、MA5626 等;中兴 EPON 的 ONU 系列产品主要有 F400、F401、F420、F460 等。常用的 ONU 设备外形如图 3 - 24 所示。

(a) 华为 HG810e　(b) 华为 HG813e　(c) 华为 HG850e　(d) 华为 HG8245

(e) 华为 MA5616　(f) 中兴 ZXA10 F400　(g) 中兴 ZXA10 F401

(h) 中兴 ZXA10 F460　(i) 中兴 ZXA10 F820

图 3 - 24　常用的 ONU 设备外形

3.5.3   无源光器件

EPON 的无源光网络包括网络节点和连接不同节点的光缆。网络节点主要包括 OLT 机房的配线架、主干光缆交接箱（简称光交）、小区内的光纤配线架（ODF）或光交、楼内分纤点和终端等。光缆主要有主干光缆、配线光缆、室外引入光缆、室内引入光缆等，如图 3-25 所示。

OLT 机房的配线器   主干光缆交接箱   小区内的ODF或光交   楼内分纤点   终端
主干光缆   配线光缆   室外引入光缆   室内引入光缆

图 3-25   组成无源光网络的无源光器件

下面介绍几种常用的无源光器件。

1. 光纤光缆

光纤光缆用来把光分配网络中的器件连接起来，提供 OLT 到 ONU 的光传输通道，如图 3-26 所示。根据应用场合的不同，光纤光缆可分为主干光缆、配线光缆和引入光缆。

图 3-26   光纤光缆

2. 光纤配线设备

光纤配线设备包括光纤配线架（ODF）、光缆交接箱、光缆接头盒、分纤箱等。

ODF 是光缆和光通信设备之间或光通信设备之间的连接配线设备，主要用于机房，如图 3-27 所示。

光缆交接箱具有光缆的固定和保护、光缆纤芯的终接、光纤熔接接头的保护、光纤线路的分配和调度等功能，用于室外，如图 3-28 所示。根据应用场合的不同，光缆交接箱分为主干光缆交接箱和配线光缆交接箱。主干光缆交接箱用于连接主干光缆与配线光缆；配线光缆交接箱用于连接配线光缆和引入光缆。

图 3-27   光纤配线架   图 3-28   光缆交接箱

　　光缆接头盒有光纤熔接、盘储装置,供用户线路光缆接续使用,用于室外,如图 3 - 29 所示。光缆接头盒有立式接头盒和卧式接头盒两种。

　　分纤箱可安装在楼道、弱电竖井、杆路等位置,用于光纤的接续(熔接或冷接)、存储、分配。分纤箱具有直通和分歧功能,可重复开启,多次操作,容易密封。分纤箱可分为室内分纤箱和室外分纤箱两种。

图 3 - 29　光缆接头盒

3. 无源光分路器

　　无源光分路器(POS,Passive Optical Splitter)又称分光器、光分路器,是一个连接 OLT 和 ONU 的无源设备,如图 3 - 30 所示。典型情况下,分光器可实现从 1∶2 到 1∶64 甚至到 1∶128 的分光。目前常用的分光器一般为平面波导型分光器。根据封装方式的不同,分光器可分为盒式分光器、机架式分光器、托盘式分光器等。

图 3 - 30　无源分光器

3.6　EPON 技术应用

3.6.1　EPON 设备组网

　　EPON 系统通常用于区域范围较大的网络需求,业务接入可以是 Internet、软交换、IPTV 等各种业务,网络可以是 FTTC、FTTB、FTTH 等多种应用。在设计系统时,首先应根据实际需求,绘出系统图和实际工程施工图。EPON 的典型网络结构如图 3 - 31 所示。

EPON 设备安装

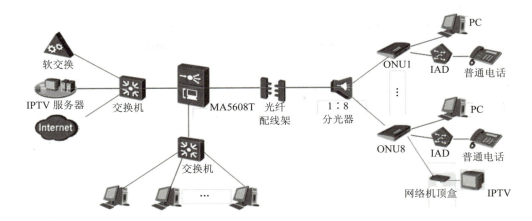

图 3 – 31　EPON 的典型网络结构

3.6.2　OLT 设备安装

OLT 设备通常安装在 19 英寸(48.26 cm)标准机柜上,如图 3 – 32 所示。具体安装步骤如下:

(1) 安装前先做好准备工作,确保设备安装场所环境符合要求,做好安全供电和接地等工作。确认机柜已被固定好,机柜内 OLT 的安装位置已经布置完毕,机柜内部和周围没有影响安装的障碍物。确认要安装的 OLT 已经准备好,并被运到离机柜较近、便于搬运的位置。

(2) 根据安装位置,在机柜上安装挡板。

(3) 安装自带的走线架及挂耳。

(4) 两个人从两侧抬起 OLT 设备,慢慢搬运到安装机柜前。

(5) 将 OLT 设备抬到比机柜挡板略高的位置,将其放置在安装挡板上,调整其前后位置。

(6) 用固定螺钉将机箱挂耳紧固在机柜立柱方孔上,将 OLT 设备固定到机柜上。

如果 OLT 设备没有安装单板,则可按以下步骤进行模块安装:

(1) 佩戴防静电手环,如图 3 – 33 所示。将手伸进防静电手环,拉紧锁扣,确认防静电手环与皮肤接触良好,将防静电手环与 OLT 接地插孔相连,从包装盒中取出 PON 模块。

(2) OLT 设备通用模块大多为插槽式结构,只要将其安装在对应槽位即可。用旋具松开安装位置的螺钉,拆下空挡板,将各模块正面向上,顺槽推到里端。

(3) 用旋具拧紧模块上的安装螺钉以固定模块。

可选配

图 3 – 32　OLT 设备安装

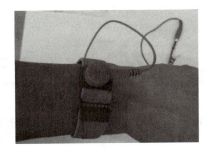

图 3 – 33　佩戴防静电手环

3.6.3　电源连接与设备接地

1. 电源连接

电源模块的前面板带有防电源插头脱落支架和电源指示灯。电源连接步骤如下：

(1) 将位于电源前面板左侧的防电源插头脱落支架朝右扳。

(2) 将随机所带的交流电源模块电源线插入电源模块的插座上。

(3) 将防电源插头脱落支架朝左扳，卡住电源插头。

(4) 将电源线插入可提供电源的插座上。

2. 设备接地

设备安装必须接地，如图 3-34 所示。

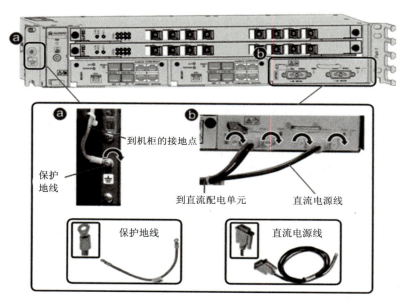

图 3-34　设备接地

具体步骤如下：

(1) 取下 OLT 设备的机箱接地螺钉。

(2) 将随机所带的交换机机箱接地线的接线端子套在机箱接地螺钉上。

(3) 将第(1)步中取下的接地螺钉安装到接地孔上并拧紧。

(4) 将接地线的另一端接到为交换机准备的接地条上。

3.7　EPON 系统应用

3.7.1　OLT 设备配置环境搭建

OLT 设备配置方法通常有两种：一种是串口方式；另一种是带外网管(也可以采用带

内网管)。设备初次配置时需采用串口方式。

1. 串口方式

1)配置电缆的连接

首先要搭建配置环境。使用配置口电缆将 PC 终端与 OLT 的 Console 口相连,如图 3-35 所示。用串口线与 GPON-MA5608T 设备进行通信,可使用 Windows 操作系统下的超级终端工具进行通信设置。建立串口终端环境时,可先将 PC 串口通过标准的 RS-232 串口线与 GPON-MA5608T 主控板上的串行口相连接,再进行相关参数配置。

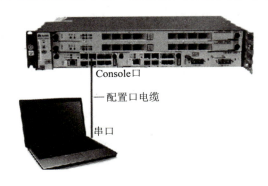

图 3-35　OLT 串口配置

配置口电缆是一根 8 芯电缆,一端是压接的 RJ-45 插头,插入交换机的 Console 口;另一端是一个 DB-9(孔)插头,插入配置终端的 9 芯(针)串口插座。配置口电缆如图 3-36 所示。

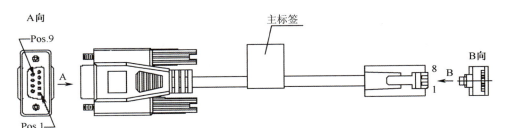

RJ-45	Signal	DB-9	Signal
1	RTS	8	CTS
2	DTR	6	DSR
3	TXD	2	RXD
4	SG	5	SG
5	SG	5	SG
6	RXD	3	TXD
7	DSR	4	DTR
8	CTS	7	RTS

图 3-36　配置口电缆示意图

　　下面以在 PC 上运行 Windows 10 操作系统下的超级终端软件为例,介绍相关参数的设置。由于 Windows 10 操作系统没有自带超级终端软件,需要另行安装,具体步骤如下。

　　(1) 在网上下载超级终端软件,如 SecureCRT。

　　(2) 在 PC 上查看使用的是哪个串口,在桌面的"此电脑"上右击,选择"管理"命令。然后选择图 3-37 左侧的"设备管理器",在右侧单击"端口(COM 和 LPT)"前面的展开按钮,就可以看到所使用的串口。

图 3-37　查看串口

　　(3) 找到下载的程序,并进行解压、安装。注意下载的程序可能会有 64 位和 32 位两个版本,如果计算机使用的是 64 位操作系统,就打开 x64 版本。

　　(4) 双击打开 SecureCRT.exe 文件,软件会自动弹出"Quick Connect"对话框,可对串口进行设置。在"Protol"中选择"Serial",将"Baud rate"设置为"115200"或"38400",将"Flow Control"下面的 3 个复选框全不勾选,其他保持默认设置,如图 3-38 所示。

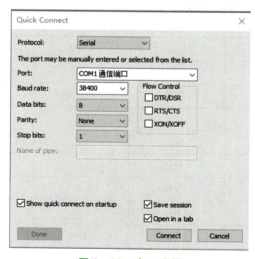

图 3-38　串口设置

（5）当 PC 串口与 OLT 主控板连接无误后，单击"Connect"按钮，如果前面出现绿色对勾，说明串口连接成功，如图 3-39 所示。

图 3-39　串口连接成功

2）上电启动

（1）上电前的检查。在上电之前要对交换机的安装进行检查：

- OLT 是否安放牢固；
- 所有单板安装正确；
- 所有通信电缆、光纤以及电源线和地线连接正确；
- 供电电压是否与交换机的要求一致；
- 配置电缆连接正确，配置用 PC 或终端已经打开，终端参数设置完毕。

（2）上电。先打开供电电源开关，再打开 OLT 电源开关。

（3）上电后的检查（推荐）。OLT 上电后，还要检查通风系统是否工作（正常工作时可以听到风扇旋转的声音，交换机的通风孔有空气排出），并查看交换路由板上系统的各种指示灯是否正常。

（4）启动界面。在 OLT 上电启动的同时，配置终端上会出现如图 3-40 所示的信息，标志着 OLT 自动启动的完成。按回车键后，终端屏幕提示登录用户名和密码（登录用户名：root；密码：admin）。此时，用户可以开始对 OLT 进行配置。

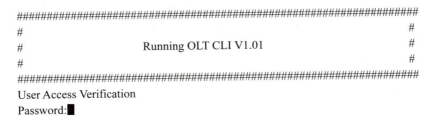

图 3-40　配置终端的信息输出

2. 带外网管

OLT 的带外网管是相对于带内网管而言的。带内网管模式中，网络的管理控制信息与用户网络的承载业务信息通过同一个逻辑信道传送，这里是指 OLT 从 PON 口至上联口的信息传输通道；而在带外网管模式中，网络的管理控制信息与用户网络的承载业务信息在不同的逻辑信道。带外网管配置采用网线连接。将网线的一端插入配置 PC 的串口，另一端插入 OLT 设备的 ETH 口，如图 3-41 所示。

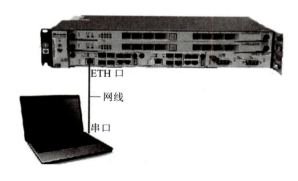

ETH 口

网线

串口

图 3 - 41　OLT 带外网管配置

带外网管配置首先要求将 PC 的 IP 地址与带外网管地址设置在同一网段,在 PC 上 ping 带外网管地址,ping 通后即可用 Telnet 登录。

3.7.2　OLT 基本操作

(1) 配置管理 PC 的 IP 地址,登录 MA5608T。

将管理 PC 的静态 IP 地址配置在 10.11.104.x/24 网段,在 Windows 的 CMD 模式下 ping 通 OLT 的带外网管 IP 10.11.104.2,在命令输入界面中输入"telnet 10.11.104.2", 即可登录 OLT(MA5608T)。

(2) 进入 MA5608T 后,输入登录用户名"root"及登录密码"admin",进入 OLT 远程命 令行(CLI)普通用户配置模式"MA5608T>"。

(3) 在普通用户配置模式"MA5608T>"下输入"enable",即可进入特权配置模式 "MA5608T#"进行配置。为方便用户,华为命令支持智能匹配,即输入不完整命令的关键 字加空格可得到自动匹配,例如输入 en 加空格,即可得到完整的 enable 命令。

在 OLT 特权配置模式下进行 EPON 基本命令操作。典型的操作功能与命令如下:

① 观察 MA5608T 设备的硬件结构,查询单板状态。

　　查 0 号机框 0 所有单板:

　　MA5608T# display board 0

　　查 0 号机框、0 号单板:

　　MA5608T# display board 0/0

② 查询系统版本信息:

　　MA5608T# display version

③ 配置系统时间:

　　MA5608T# display time

④ 退出特权配置模式,返回普通用户配置模式:

　　MA5608T# exit

(4) 在 OLT 特权配置模式下键入"configure",即可进入全局配置模式"MA5608T (config)#",进行各种接口及业务功能配置。典型操作如下:

① 配置系统名称：

　　MA5608T(config)♯system 5608t

② 增加系统操作用户：

　　MA5608T(config)♯terminal user name

③ 创建、查看删除 VLAN，端口加入 VLAN：

　　MA5608T(config)♯vlan 10 smart

　　MA5608T(config)♯ display vlan all

　　MA5608T(config)♯undo vlan 10

　　MA5608T(config)♯port vlan 10 0/3 0

④ 配置 MA5608T 的带内网管 IP 地址：

　　MA5608T(config)♯vlan 20 smart

　　MA5608T(config)♯interface vlanif 20

　　MA5608T(config-vlanif20)♯ip address 192.168.20.1　255.255.255.0

　　MA5608T(config-vlanif20)♯quit

　　MA5608T(config)♯ port vlan 20 0/3/0

　　MA5608T(config) ♯display interface vlanif 20

⑤ 查询带外网管 IP 地址：

　　MA5608T (config) ♯display interface meth 0

3.7.3　宽带业务配置

EPON 组网与业务配置

1. 宽带业务组网

　　宽带数据业务是 EPON 系统所能提供的最基本的业务。OLT 通过 EPON 接口接入远端 ONU 设备，可以为用户提供高速上网、网络电话、网络电视等多种业务，如图 3-42 所示。下面是以华为 MA5608T 为核心 OLT 设备进行组网，提供宽带上网业务的配置案例。用户 PC 采用 PPPoE 拨号方式，通过 LAN 口接入 ONU，ONU 以 EPON 方式接入 OLT 至上层网络，实现高速上网业务。高速上网业务采用单层 VLAN 来标识。

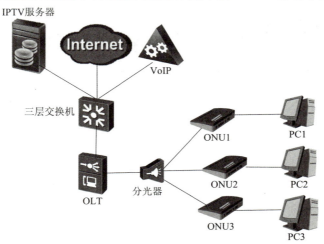

图 3-42　宽带业务组网图

2. 数据规划

根据业务需求列出业务数据规划清单，如表 3-6 所示。

表 3-6　数据规划清单

配置项	具 体 数 据
宽带业务	保证带宽 10 M； 最高带宽 100 M； VLAN 10
OLT	OLT 上行口：0/3/0； OLT PON 口：0/0/0； 业务 VLAN 10
ONU	ONU VLAN：3； ONU ID：1； MAC：5439-DF94-9D2F
上网 IP	IP：210.28.97.5/24； 网关：210.28.97.5； DNS：221.137.143.69

3. 业务数据配置

1) 配置单板

业务开通前，需要添加单板。

进入配置模式：

```
MA5608T#config
MA5608T(config)#
```

查看单板信息：

```
MA5608T(config)#display board 0
-------------------------------------------------------------------------------
SlotID  BoardName  Status          SubType0 SubType1  Online/Offline
-------------------------------------------------------------------------------
    0    H808EPSD Auto_find
    1
    2
    3    H801MCUD Active_normal    CPCA
    4    H801MPWC Normal
    5
-------------------------------------------------------------------------------
```

确认单板：

　　MA5608T(config)♯board confirm 0/0

确认之后，查查单板运行状态"Status"为"Normal"。

2）登录 OLT

参照本书 3.7.2 小节配置带内网管 IP 为 192.168.1.20/24。打开 PC 自带的超级终端，在 CMD 命令行下输入远程登录命令"TELNET192.168.1.20"，键入密码"1"，登录 OLT。

3）配置线路模板

配置 DBA 模板：

　　MA5608T(config)♯dba-profile add profile-id 88 profile-name test type3 assure 10240 max 102400

创建 EPON 线路模板，并进入线路模板配置视图：

　　MA5608T(config)♯ont-lineprofile epon profile-id 100 profile-name line-profile-100

绑定 DBA 模板：

　　MA5608T(config-epon-lineprofile-100)♯llid dba-profile-id 88

使用 commit 命令使模板配置参数生效：

　　MA5608T(config-epon-lineprofile-100)♯commit

退出线路模板配置视图：

　　MA5608T(config-epon-lineprofile-100)♯quit

4）配置业务模板

创建 EPON 业务模板，并进入业务模板配置视图：

　　MA5608T(config)♯onu-srvprofile epon profile-id 100 profile-name test

配置模板能力：

　　MA5608T(config-epon-srvprofile-100)♯ont-port eth 4

使用 commit 命令使模板配置参数生效：

　　MA5608T(config-epon- srvprofile-100)♯commit

退出模板配置视图：

　　MA5608T(config-epon- srvprofile-100)♯quit

5）打开 PON 口自动发现功能

华为 OLT 在默认情况下未开启 PON 口自动发现功能，需打开 PON 口自动发现功能。

进入业务单板配置视图：

　　MA5608T(config)♯interfaceepon 0/0

打开所有 PON 口的自动发现功能：

　　MA5608T(config-if-epon-0/0)♯port 0 onu-auto-find enable
　　MA5608T(config-if-epon-0/0)♯port 1 onu-auto-find enable
　　MA5608T(config-if-epon-0/0)♯port 2 onu-auto-find enable
　　MA5608T(config-if-epon-0/0)♯port 3 onu-auto-find enable
　　MA5608T(config-if-epon-0/0)♯port 4 onu-auto-find enable
　　MA5608T(config-if-epon-0/0)♯port 5 onu-auto-find enable
　　MA5608T(config-if-epon-0/0)♯port 6 onu-auto-find enable
　　MA5608T(config-if-epon-0/0)♯port 7 onu-auto-find enable
　　MA5608T(config-if-epon-0/0)♯quit

6）创建业务 VLAN10

 MA5608T（config）♯vlan10 smart

  MA5608T（config）♯vlan 10 0 smart

  MA5608T（config）♯port vlan 10 0/3 0

7）注册 ONU

查看未注册的 ONU 信息：

 MA5608T（config）♯display onu autofind all

  Number   ： 1

  F/S/P   ： 0/0/0

  Onu Mac   ： 5439-DF94-9D2F

  Password   ： 123

  Loid   ： 123

  Checkcode   ：

  VendorID   ： HWTC

  Ontmodel   ： 010H

  OntSoftwareVersion   ： V3R012C00S102

  OntHardwareVersion   ： 2B2. A

  Ont autofind time   ： 2016q -07-29 17：31：48＋08：00

 The number of EPON autofind ONU is 1

进入 EPON 业务配置视图：

 MA5608T（config）♯interface epon 0/0

注册 ONU（ONU ID 为 1，MAC 地址为 5439-DF94-9D2F，管理方式为 oam，引用线路模板 test）：

  MA5608T（config-if-epon-0/0）♯onu add 0 1 mac-auth 5439-DF94-9D2F oam onu-linep-ofile-name test

8）下发用户侧业务 VLAN

下发用户侧业务 VLAN 10：

 MA5608T（config-if-epon-0/0）♯onu port native-vlan 0 1 eth1 vlan 10

 MA5608T（config-if-epon-0/0）♯onu port native-vlan 0 1 eth2 vlan 10

 MA5608T（config-if-epon-0/0）♯onu port native-vlan 0 1 eth3 vlan 10

 MA5608T（config-if-epon-0/0）♯onu port native-vlan 0 1 eth4 vlan 10

退出 EPON 业务配置视图：

 MA5608T（config-if-epon-0/1）♯quit

9）配置业务流

 MA5608T（config）♯service-port vlan 10 epon 0/0/0 onu 1 multi-service user-vlan 10

10）业务验证

在测试环境中，通常采用静态 IP 地址的方式，在 ONU 任一网口通过网线连接 FC，在 PC 的网卡属性中输入分配的静态 IP 地址和 DNS，打开浏览器并输入网址，若能成功访问互联网，则说明配置成功，验证完毕。

思 考 与 练 习

3.1　简述 EPON 的系统结构。

3.2　简述 EPON 的技术优点。

3.3　EPON 的协议栈是如何构成的？

3.4　EPON 的关键技术有哪些？

3.5　常见的 OLT 设备有哪些？举例说明。

3.6　常见的 ONU 设备有哪些？举例说明。

3.7　典型无源光器件有哪些？举例说明。

3.8　总结 LLID 的作用。

3.9　总结 EPON 宽带业务的开通流程。

3.10　组播管理协议有哪些？

3.11　试参照图 3-39 所示的网络拓扑图，用 EPON 技术完成宽带业务数据规划并完成配置。

项目 4   GPON 宽带接入技术

【教学目标】

在掌握 GPON 的技术原理、分层结构的基础上，理解 GPON 在承载多业务方面的优势，并能够独立完成 GPON 的业务配置。

【知识点与技能点】

- GPON 的技术原理；
- GPON 的组网保护；
- GPON 的帧结构；
- GPON 的复用结构；
- GPON 的关键技术；
- GPON 的优点；
- GPON 的业务配置。

【理论知识】

4.1   GPON 技术概述

4.1.1   GPON 技术的产生和发展

GPON 技术概述

PON(Passive Optical Network，无源光网络)一直被认为是光接入网中颇具应用前景的技术，它打破了传统的点到点解决方法，在解决宽带接入问题上是一种经济的、面向未来多业务的用户接入技术。

1998 年 10 月，ITU-T 通过了 FSAN(Full Service Access Networks，全业务接入网)组织所倡导的基于 ATM 的 PON 技术标准——G.983。该标准以 ATM 作为通道层协议，支持话音、数据多业务，提供明确的业务质量保证和服务级别，有完善的操作维护管理系统，最高传输速率为 622 Mb/s。

随着因特网的快速发展和以太网的大量使用，针对 APON 标准过于复杂、成本过高、在传送以太网和 IP 数据业务时效率低等因素，IEEE 在 2000 年 12 月成立了第一英里以太网——EFM(Ethernet in the First Mile)工作组，致力于开发 EPON 的标准。业界也成立了 EFMA(Ethernet in the First Mile Alliance，第一英里以太网联盟)以推动 EPON 标准的制定和 EPON 技术的应用。EPON 在传输媒质层上采用千兆以太网作为传输协议，数据链路层上也采用以太网协议。由于以太网相关器件价格相对低廉，并且对于在通信业务量中占比越来越大的以太网承载的数据业务来说，EPON 免去了 IP 数据传输的协议和格式转化，传输速率达 1.25 Gb/s，且有进一步升级的空间，使得 EPON 受到普遍关注。

　　差不多在 EFMA 提出 EPON 的同时，FSAN 组织也开始进行支持更高比特速率、全业务的、高效率的 PON 标准的研究。考虑到 APON 的低效率和 EPON 无法对传送实时业务提供高质量保证，缺乏电信级的网络监测和业务管理等方面的不足，FSAN 组织在 2002 年 9 月推出了具有吉比特高速率、高效率、支持多业务透明传输，同时提供明确的服务质量保证和服务级别，电信级的网络监测和业务管理的光接入网 GPON(Gigabit-Capable PON)解决方案。

　　为适应 IPTV、视频游戏等业务对带宽的更高要求，GPON 技术还在不断发展中。2004 年开始启动下一代 PON 演进的可行性；2007 年规范了 NG-PON 标准化路标，即向非上下行速率对称和对称两个方向演进；2010 年后，ITU 陆续推出了 XG-PON 和 XGS-PON 标准，即 10GPON 的非对称和对称两种标准；2015 年 1 月，10G GPON(XG-PON)标准通过，为高速 10G GPON 技术产品的商用铺平了道路；2016 年 2 月，固定波长对称 10G GPON 标准 XGS-PON 发布；2021 年 4 月，50G GPON 国际标准正式在 ITU 第十五研究组（ITU-T SG15）大会上决议通过，这标志着 50G GPON 已经完成基础功能的标准化，为下一步的产品研发和解决方案的落地奠定了基础。

4.1.2　GPON 技术的特点

　　GPON 是 ITU-T 提出的一种灵活的吉比特光纤接入网，它以 ATM 信元和 GEM 帧承载多业务，支持商业和居民业务的宽带全业务接入。它不仅在名字上反映出其吉比特传输能力，而且是一种与已有 PON 系统有本质区别的新的 PON 技术。

　　GPON 支持更高的速率和对称/非对称工作方式，同时还有很强的支持多业务和 OAM 的能力。它能够支持当前已知的所有业务和讨论中的适用于商业和住宅用户的新业务。标准中已明确规定要求支持的业务类型包括：数据业务（Ethernet 业务，包括 IP 业务和 MPEG 视频流）、PSTN 业务（POTS、ISDN 业务）、专用线（T1、E1、DS3、E3 和 ATM 业务）和视频业务（数字视频）。GPON 中的多业务映射到 ATM 信元或 GEM 帧中进行传送，对各种业务类型都能提供相应的 QoS 保证。运营商应根据各自的市场潜力、特定的管制环境和成本有效地提供所需要的特定业务，这些业务的提供是否具有成本有效性还与运营商现存的电信基础结构、用户的地理分布、商业和居民的混合情况有很大关系。

　　作为一种新的 PON 技术，GPON 有如下特点：

　　（1）前所未有的高带宽。GPON 速率高达 2.5 Gb/s，能提供足够大的带宽以满足未来网络日益增长的对高带宽的需求，同时其非对称特性更能适应宽带数据业务市场。

　　（2）QoS 保证的全业务接入。GPON 能够同时承载 ATM 信元和（或）GEM 帧，有很好的提供服务等级、支持 QoS 保证和全业务接入的能力。目前，ATM 承载话音、PDH、Ethernet 等多业务的技术已经非常成熟；使用 GEM 承载各种用户业务的技术也得到大家的一致认可，已经开始广泛应用和发展。

　　（3）很好地支持 TDM 业务。GPON 具有标准的 8 kHz(125 μs)帧，能够直接支持 TDM 业务。与 EPON 承载 TDM 业务难以保证其 QoS 指标相比，GPON 在这一点上有很大的优势。

（4）简单、高效的适配封装。采用 GEM 可对多业务流实现简单、高效的通用适配封装。

（5）强大的 OAM 能力。针对 EPON 在网络管理和性能监测上的不足，GPON 从消费者需求和运营商运行维护管理的角度出发，提供了三种 OAM 通道：嵌入式 OAM、PLOAM(物理层 OAM)和 OMCI(ONT 管理控制接口)。它们承担不同的 OAM 任务，形成 C/M Plane(控制/管理平面)，平面中的不同信息对各自的 OAM 功能进行管理。GPON 还继承了 G.983 中规定 OAM 的相关要求，具有丰富的业务管理能力和电信级的网络监测能力。

（6）技术、设备相对复杂。GPON 承载有 QoS 保障的多业务和强大的 OAM 能力等优势很大程度上是以技术和设备的复杂性为代价换来的，使得相关设备成本较高。随着 GPON 技术的发展和大规模应用，GPON 设备的成本将会有所下降。

4.1.3　GPON 与 EPON 标准的比较

目前 GPON 的标准基本上已经完备，与 802.3ah 中的 EPON 标准相比，其具有以下特点：

（1）GPON 标准的完备性好，理论上其可操作性强于 802.3ah 标准。GPON 标准对于诸如业务类型、映射方式、DBA 机制等都有详细定义；而 EPON 没有定义 DBA 机制以及业务相关内容。

（2）GPON 标准的复杂度高于 EPON。GPON 定义了七种速率、三种复用工作方式；EPON 只有一种速率和工作方式。

（3）GPON 技术的实现复杂度要高于 EPON。EPON 是基于以太网的，除了扩充定义 MPCP 协议外，没有改变以太网帧格式；而 GPON 重新定义了自身的映射和 TC 帧结构。

（4）GPON 的 TDM 传输优于 EPON。GPON 基于同步方式，具有标准 8K 时钟，利于 TDM 业务传送；而 EPON 基于异步方式，没有同步时钟。

4.2　GPON 的技术原理

4.2.1　GPON 的系统结构

同所有 PON 系统一样，GPON 系统由 ONU、OLT 和 ODN 组成，其结构如图 4-1 所示。OLT 为接入网提供网络侧与核心网之间的接口，通过 ODN 与各 ONU 连接。作为 PON 系统的核心功能器件，OLT 具有集中

GPON 技术原理

带宽分配、控制各 ONU、实时监控、运行维护管理 PON 系统的功能。ONU 为接入网提供用户侧的接口，提供话音、数据、视频等多业务流与 ODN 的接入，受 OLT 集中控制。系统支持的分支比为 1∶16、1∶32 或 1∶64，随着光收发模块的发展演进，系统支持的分支比将达到 1∶128。在同一根光纤上，GPON 可使用波分复用(WDM)技术实现信号的双向传输。根据实际需要，它还可以在传统的树型拓扑的基础上采用相应的 PON 保护结构来提高

网络的生存性。

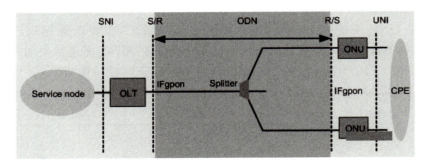

IFgpon：GPON Interface　　　　SNI：Service Node Interface
UNI：User to Network Interface　CPE：Customer Premises Equipment

图 4‑1　GPON 系统结构图

OLT 是放置在局端的、终结 PON 协议的汇聚设备。

ONU 是位于客户端的、给用户提供各种接口的用户侧单元或终端，OLT 和 ONU 通过中间的无源光网络 ODN 连接起来进行互相通信。

ODN 是由光纤、一个或多个无源分光器等无源光器件组成的，在 OLT 和 ONU 间提供光通道，起着连接 OLT 和 ONU 的作用，具有很高的可靠性。

4.2.2　GPON 的传输原理

GPON 的传输原理如图 4‑2 所示。GPON 网络采用单根光纤将 OLT、分光器和 ONU 连接起来，上、下行采用不同的波长进行数据承载。上行采用 1260～1360 nm 的波长，下行采用 1480～1500 nm 的波长。GPON 系统采用波分复用技术，通过上、下行的不同波长在同一个 ODN 网络上进行数据传输，下行通过广播的方式发送数据，而上行通过 TDMA 的方式，按照时隙进行数据上传。

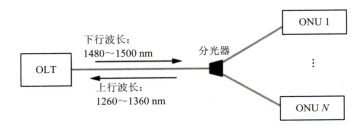

图 4‑2　GPON 的传输原理

4.2.3　GPON 的基本概念

1. GEM 帧

GEM(GPON Encapsulation Mode)帧是 GPON 技术中最小的业务承载单元，也是最基本的数据结构。所有的业务都要封装在 GEM 帧中才能在 GPON 线路上传输，并通过 GEM

Port 标识。

　　每个 GEM Port 由一个唯一的 Port ID 来标识，由 OLT 进行全局分配，即每个 GPON 端口下的每个 ONU 不能使用 Port ID 重复的 GEM Port。GEM Port 标识的是 OLT 和 ONU 之间的业务虚通道，即承载业务流的通道，类似于 ATM 虚连接中的 VPI(Virtual Path Identifier)/VCI(Virtual Channel Identifier)标识。GEM 帧结构如图 4-3 所示。

PLI 12 bit	Port ID 12 bit	PTI 3 bit	HEC 13 bit	Fragment Payload *N* Byte

图 4-3　GEM 帧结构

　　PLI、Port ID、PTI 和 HEC(Header Error Check)构成 GEM header，即 GEM 帧头，主要用于区别不同 GEM Port 中的数据。各字段的具体含义如下：

　　(1) PLI：表示数据净荷的长度。

　　(2) Port ID：唯一标识不同的 GEM Port。

　　(3) PTI：净荷类型标识，主要是为了标识目前所传送的数据的状态和类型，如是否为 OAM(Operation，Administration and Maintenance)消息，是否已经将数据传送完毕等信息。

　　(4) HEC：提供前向纠错编码功能，保证传输质量。

　　(5) Fragment Payload：表示用户数据帧片段。

　　以以太网业务在 GPON 中的映射方式为例，能更直观地了解 GEM 帧的作用。以太包映射到 GEM 帧的示意图如图 4-4 所示。GPON 系统对以太帧进行解析，将数据部分直接映射到 GEM Payload 中进行传输，GEM 帧会自动封装头信息。

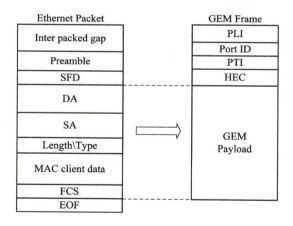

图 4-4　以太包映射到 GEM 帧

2. T-CONT 与业务类型

　　T-CONT(Transmission Container)是 GPON 上行方向承载业务的载体，所有的 GEM Port 都要映射到 T-CONT 中，由 OLT 通过 DBA(Dynamic Bandwidth Allocation)调度的方式上行。T-CONT 是 DBA 实现的基础，通过 ONU 对 T-CONT 的带宽申请以及 OLT 对 T-CONT 的授权，实现整个 GPON 系统上行业务流的 DBA。

T-CONT 是 GPON 系统中上行带宽最基本的控制单元。每个 T-CONT 由 Alloc-ID 来唯一标识。Alloc-ID 由 OLT 的每个 GPON 端口分配，即 OLT 同一 GPON 端口下的 ONU 不存在 Alloc-ID 相同的 T-CONT。

T-CONT 的原理图如图 4-5 所示。

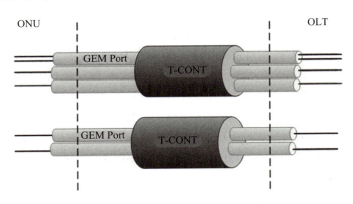

图 4-5　T-CONT 的原理图

T-CONT 包括五种不同的类型，可根据不同的业务类型选择不同类型的 T-CONT。每种 T-CONT 带宽类型有特定的 QoS 特征，QoS 特征主要体现在带宽保证上，分为固定带宽、保证带宽、保证/不保证带宽、最大带宽、混合类型（对应表 4-1 中的 Type1~Type5）。

表 4-1　DBA 类型

类　型	描　　述
Type1	即固定带宽，绑定该类型的模板后，无论是否有上行流量，系统都会分配指定带宽值的带宽
Type2	即保证带宽，绑定该类型的模板后，只要上行流量不超过指定的值，都可以满足其带宽需求，当无上行流量时，不分配带宽
Type3	即保证和不保证带宽的混合，该类型的模板可以指定一个保证值和一个不保证值，当系统分配完所有的固定带宽、保证带宽后，如果还有剩余带宽，则可以分配带宽给引用该模板的用户，带宽值不超过不保证带宽
Type4	即最大带宽，表示尽力转发，该类型的模板只需要指定一个最大值。绑定模板后，获取带宽的优先级是最低的，当固定带宽、保证带宽、不保证带宽都分配完成后，系统中如果还有剩余带宽，则分配带宽给引用该模板的用户，带宽值不超过指定的最大值
Type5	一种混合类型的模板，配置时需要分别指定以上四种类型的值

4.2.4　业务复用原理

GEM Port 和 T-CONT 将 PON 网络分为不同的虚拟连接，实现业务复用。一个 GEM Port 可以承载一种业务，也可以承载多种业务。GEM Port 承载业务后，先要映射到 T-CONT 单元进行上行业务调度。每个 ONU 支持多个 T-CONT，并可以根据不同的业务类型选择不同类型的 T-CONT。一个 T-CONT 可以承载多个 GEM Port，也可以承载一个 GEM Port，根据用户的具体规划而定。

上行方向根据配置的 Service Port 和 GEM Port 映射规则，以太帧被发送到对应的 GEM Port，GEM Port 将以太帧封装进 GEM PDU，并根据 GEM Port 和 T-CONT 队列映射规则将 GEM PDU 放入对应的 T-CONT 队列中。T-CONT 队列在其上传时隙中将 GEM PDU 发送至 OLT。OLT 接收 GEM PDU 后提取出以太帧，并根据配置的 Service Port 映射规则将以太帧从指定的上行端口发送出去。GPON 上行业务映射关系如图 4-6 所示。

下行方向根据配置的 Service Port 映射规则，以太帧被发送到 GPON 业务处理模块，GPON 业务处理模块将以太帧封装进 GEM PDU 后通过 GPON 端口下行。GEM PDU 的 GTC 帧以广播方式传输给该 GPON 端口下所有的 ONU 设备。ONU 根据 GEM PDU 头部的 GEM Port ID 进行数据过滤，只保留属于该 ONU 的 GEM Port 并解封装后将以太帧从 ONU 的业务接口送入用户设备中。GPON 下行业务映射关系如图 4-7 所示。

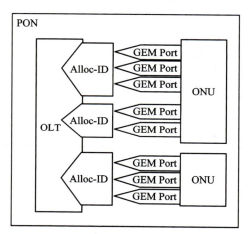

图 4-6　GPON 上行业务映射关系

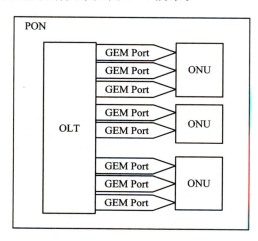

图 4-7　GPON 下行业务映射关系

4.2.5　GPON 系统协议栈

ITU-T G.984.3 标准定义了一套全新的帧结构，将传统的语音、视频及以太网报文作为 GPON 帧的净荷。GPON 协议栈系统结构如图 4-8 所示。

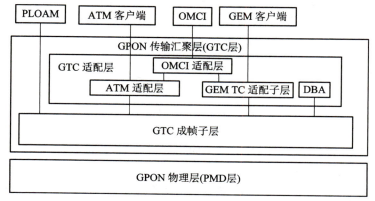

图 4-8　GPON 协议栈系统结构

GPON 系统协议栈主要由物理(PMD)层和 GPON 传输汇聚(GTC)层组成。

1. PMD 层

GPON 的 PMD 层对应 OLT 和 ONU 之间的 GPON 接口,具体参数值决定了 GPON 系统的最大传输距离和最大分光比。

2. GTC 层

GTC 层封装 ATM 信元和 GEM 帧两种格式的净荷,通常 GPON 系统采用 GEM 帧封装模式。GEM 帧可以承载以太、POTS、E1、T1 多种格式的信元。

GTC 层是 GPON 的核心层,主要完成上行业务流的媒质接入控制和 ONU 注册。以太帧净荷或者其他内容封装在 GEM 帧中,打包成 GTC 帧,按照物理层定义的接口参数转换为物理 01 码进行传输,在接收端按照相反的过程进行解封装,接收 GTC 帧,取出 GEM 帧,最终把以太净荷或者其他封装的内容取出以达到传输数据的目的。

GTC 层按结构可分为 GTC 成帧子层和 TC 适配子层。

TC 适配子层包括 ATM 适配器、GEM TC 适配器和 OMCI 适配器。ATM 适配器、GEM TC 适配器通过 VPI/VCI 或者 GEM Port ID 识别 OMCI 通道。OMCI 适配器可以和 ATM 适配器、GEM TC 适配器交换 OMCI 通道数据并传送到 OMCI 实体上。此外,DBA 控制模块为通用功能模块,负责完成 ONU 报告和所有的 DBA 控制功能。

在 GTC 成帧子层中,GTC 帧可分为 GEM 块、PLOAM 块和嵌入式 OAM。GPON 成帧子层包括以下三个功能:

(1) 复用和解复用。PLOAM 和 GEM 部分根据帧头指示的边界信息复用到下行 TC 帧中,并可以根据帧头指示从上行 TC 帧中提取出 PLOAM 和 GEM 部分。

(2) 帧头生成和解码。下行帧的 TC 帧头按照格式要求生成,上行帧的帧头会被解码。同时直接封装在 GTC 帧头的嵌入式 OAM 信息被终结,并用于直接控制该子层。

(3) 基于 Alloc-ID 的内部路由功能。根据 Alloc-ID 的内部表示为来自或者送往 GEM TC 适配器的数据进行路由。GTC 层按功能可分为 C/M 平面和 U 平面。

C/M 控制管理平面的协议栈包括三部分:嵌入式 OAM 通道、PLOAM(物理层 OAM)通道、OMCI 通道(ONT 管理控制接口)。嵌入式 OAM 和 PLOAM 通道负责管理 PMD 和 GTC 成帧子层的功能,OMCI 为更高子层管理提供统一的系统。嵌入式 OAM 通道位于 GTC 帧的帧头,主要功能包括带宽确认、交换、动态带宽分配信令等。PLOAM 通道是一个格式化的消息系统,在 GTC 帧中占据专有空间,主要用于承载那些不通过嵌入式 OAM 发送的 PMD 和 GTC 管理信息。OMCI 通道用于管理业务。

U 平面内的业务流用业务流类型(ATM、GEM)及其端口 ID 或 VPI 来标识。端口 ID 用于识别 GEM 业务流,VPI 用于识别 ATM 业务流。在 T-CONT(传输容器)中通过可变的时隙控制来实现带宽分配和 QoS 控制。

4.2.6　GPON 的帧结构

GPON 的帧结构分为上行帧和下行帧,如图 4-9 所示。

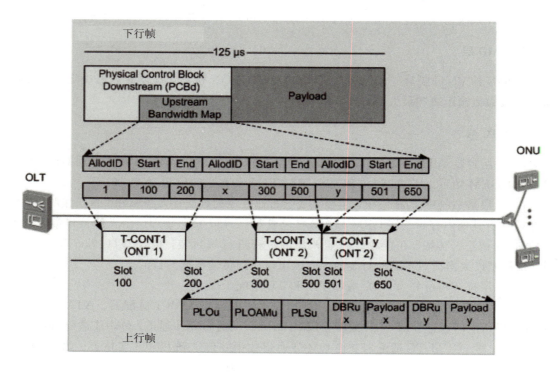

图 4 - 9 GPON 的帧结构

1. 下行帧

下行帧长固定为 125 μs，下行帧由物理控制块（PCBd，Physical Control Block downstream)和 Payload 组成，OLT 以广播的方式向 ONU 发送，每个 ONU 都会收到整个 PCBd，然后再根据相关的信息执行动作，如图 4 - 10 所示。PCBd 主要包括物理帧头控制字和上行带宽映射 BW Map(Bandwidth Map)等。帧头控制字主要用来作帧定界、时钟同步和 FEC 等信息。BW Map 字段主要用于通知每个 ONU 的上行带宽分配情况，确定每个 ONU 所属的 T-CONT 的上行开始时隙和结束时隙，确保所有 ONU 能按照 OLT 统一规定的时隙发送数据，避免数据冲突。

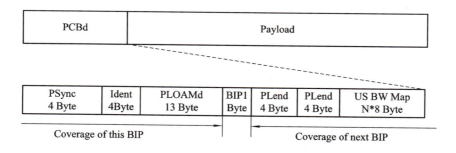

图 4 - 10 下行帧结构

PCBd 帧由 PSync、Ident、PLOAMd、BIP、PLend 和 US BW Map 字段构成，具体含义如表4 - 2 所示。

表 4 - 2　PCBd 字段说明

字段名称	字段描述	含　义
PSync	物理同步域,即帧同步信息	ONU 可以通过它找到每一帧的开始
Ident	识别域	用于指示帧结构的大小顺序
PLOAMd (PLOAM downstream)	下行数据的 PLOAM 消息	上报 ONU 的维护、管理状态等管理消息(不是每帧都有,可以不发,但是需要协商)
BIP	比特间插奇偶校验	对前后两帧 BIP 字段之间的所有字节(不包括前导和定界)进行奇偶校验,用于误码监测
PLend	下行净荷长度	指定 BW Map 字段的长度
US BW Map (Upstream Bandwidth Map)	上行带宽映射	是 OLT 发送给每个 T-CONT 的各自的上行传输带宽映射。BW Map 标识了各个 T-CONT 传送的起止时刻

2. 上行帧

上行帧长固定为 125 μs,每个上行帧包含一个或者多个 T-CONT 传送的内容。每个 GPON 端口下对于所有 ONU 都是共享上行带宽。按照 BW Map 的要求,ONU 必须在属于自己的时隙范围内进行上行数据发送。ONU 会报告自身需要发送的数据状态并通过上行帧发送到 OLT,OLT 通过 DBA 方式分配好上行时隙定期每帧发送更新。图 4 - 9 中的 GPON 上行帧由 PLOu、PLOAMu、PLSu、DBRu 和 Payload 等字段构成,具体含义如表 4 - 3 所示。

表 4 - 3　GPON 上行帧字段说明

字段名称	字段描述	含　义
PLOu:Physical Layer Overhead upstream	上行物理层开销	帧定位、同步,标明此帧是哪个 ONU 的数据
PLOAMu:PLOAM upstream	上行数据的 PLOAM 消息	上报 ONU 的维护、管理状态等管理消息(不是每帧都有,可以不发,但是需要协商)
PLSu	功率级别序列	用于 ONU 调整光口光功率(不是每帧都有,可以不发,但是需要协商)

续表

字段名称	字段描述	含 义
DBRu：Dynamic Bandwidth Report upstream	上行动态带宽报告	上报 T-CONT 的状态，为了给下一帧申请带宽，完成 ONU 的动态带宽分配(不是每帧都有，可以不发，但是需要协商)
Payload	数据净荷	可以是 DBA 状态报告，也可以是数据帧。如果是数据帧，则可以分为 GEM header 和 Frame

4.3　GPON 的关键技术

GPON 的一系列关键技术可以提升带宽性能和稳定性。与 EPON 技术一样，GPON 也包括测距技术、突发发送与接收技术、多点控制协议、动态带宽分配技术、网络保护技术等，还包括前向纠错技术、线路加密技术等。下面对 GPON 典型的关键技术进行简单介绍。

GPON 关键技术

4.3.1　测距技术

对 OLT 而言，各个不同的 ONU 到 OLT 的逻辑距离不相等，光信号在光纤上的传输时间不同，到达各 ONU 的时刻也不同。同时，OLT 与 ONU 的环路时延(RTD，Round Trip Delay)也会随着时间和环境的变化而变化，因此在 ONU 以 TDMA 方式(也就是在同一时刻，OLT 一个 PON 口下的所有 ONU 中只有一个 ONU 在发送数据)发送上行信元时可能会出现碰撞冲突，如图 4-11 所示。

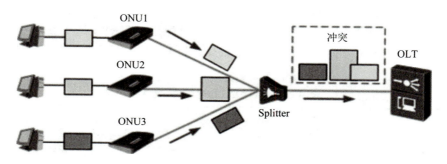

图 4-11　无测距的信元传输

为了保证每一个 ONU 的上行数据在光纤汇合后，插入指定的时隙，彼此间不发生碰撞，且间隙不要太大，OLT 必须对每一个 ONU 与 OLT 之间的距离进行精确测定，以便控制每个 ONU 发送上行数据的时刻。OLT 在 ONU 第一次注册时就会启动测距功能，获取 ONU 的往返延迟 RTD，计算出每个 ONU 的物理距离，根据 ONU 的物理距离指定合适的均衡延时参数(EqD，Equalization Delay)。通过 RTD 和 EqD，使得各个 ONU 发送的数据帧同步，以保证每个 ONU 发送数据时不会在分光器上产生冲突。相当于所有 ONU 都在同一逻辑距离上，在对应的时隙发送数据，从而避免上行信元发生碰撞冲突，如图 4-12

所示。

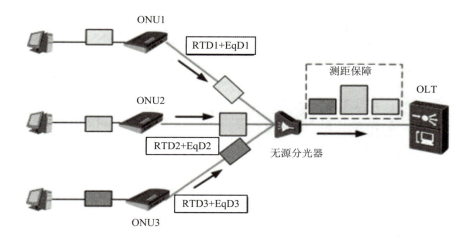

图 4 - 12　有测距的信元传输

4.3.2　动态带宽分配技术

在 GPON 系统中，OLT 通过向 ONU 发送授权信号来控制上行数据流。PON 结构需要一个有效的 TDMA 机制来控制上行流量，以确保来自多个 ONU 的数据包在上行过程中不会发生碰撞。然而，使用基于碰撞的机制需要在 PON 的无源 ODN 里管理 QoS，这在物理上是不可能实现的，或者需要承受效率的严重损失。

鉴于这些问题，管理上行 GPON 流量的机制一直是 GPON 流量管理标准化过程中的首要关注焦点。这便促使了 ITU-T G.984.3 标准的发展，该标准定义了用于管理上行 PON 流量的动态带宽分配（DBA，Dynamically Bandwidth Assignment）协议。

DBA 对 PON 的拥塞进行实时监控，OLT 根据拥塞和当前带宽利用情况，以及配置情况进行动态的带宽调整。DBA 可以实现以下功能：

（1）提高 PON 端口的上行线路带宽利用率。

（2）在 PON 端口上增加更多的用户。

（3）用户可以享受到更高带宽的服务，特别适合于对带宽突变比较大的业务。

DBA 原理如图 4 - 13 所示。OLT 内部的 DBA 模块不断收集 DBA 报告信息并进行计算，然后将计算结果以 BW Map 的形式下发给各 ONU。各 ONU 根据 BW Map 信息在各自的时隙内发送上行突发数据，占用上行带宽，这样就能保证每个 ONU 可以根据实际的发送数据流量动态调整上行带宽，提升了上行带宽的利用率。

还有一种带宽分配方式，即静态带宽分配，也可以称为固定带宽分配，它是指每个 ONU 占用的带宽是固定的，OLT 会根据每个 ONU 的 SLA（包括带宽、时延的指标）周期性地为每个 ONU 分配固定长度的授权。

一般来说，OLT 采取轮询机制，在每个轮询周期里面，各 ONU 的固定带宽可能不相同，但同一个 ONU 在不同的周期里面固定带宽的大小应该是相同的，授权大小只和 ONU 的 SLA 有关，而和 ONU 的上行业务流量情况无关，即使 ONU 上行没有流量，这部分带宽也会固定分配给 ONU。

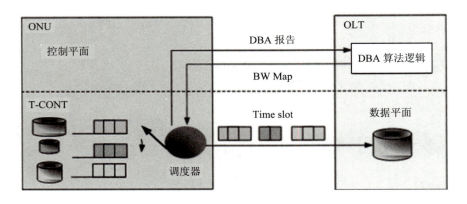

图 4-13 DBA 原理

静态带宽分配方法简单、易实现,比较适合承载 TDM 等业务流量固定的业务,但不能根据 ONU 上的流量情况实时调整上行带宽,承载突发性比较强的 IP 业务时的带宽利用率比较低。

4.3.3 前向纠错技术

在工程实践中并不存在理想的数字信道,数字信号在各种媒质的传输过程中会产生误码和抖动,从而导致线路的传输质量下降。

为解决此问题,需要引入纠错机制。实用的纠错码靠牺牲带宽效率来换取可靠性,同时也增加了通信设备的复杂度。纠错技术是一种差错控制技术,按照应用场景和侧重点不同,可以分为检错码和纠错码两类。

检错码:重在发现误码,比如奇偶监督编码。

纠错码:要求能自动纠正差错,比如 BCH 码、RS 码、汉明码。

检错码与纠错码没有本质区别,只是应用场合不同,则其侧重的性能参数也不同。FEC(Forward Error Correction,前向纠错)属于后者。在这种数据编码的技术中,数据的接收方可以根据编码检查传输过程中的误码。前向是指纠错过程是单方向的,不存在差错的信息反馈,其通过在发射端对信号进行一定的冗余编码,并在接收端根据纠错码对数据进行差错检测,如发现差错,由接收方进行纠正。常见的 FEC 技术有汉明码、RS 编码、卷积码等。FEC 的原理如图 4-14 所示。

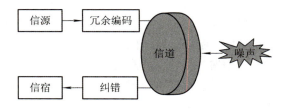

图 4-14 FEC 的原理图

GPON 采用的 FEC 算法是 RS(255,239)算法,完全遵从 ITU-T G.984.3 标准的要求。FEC 码字长 255 Byte,由 239 Byte 的正常数据和 16 Byte 的冗余开销构成。考虑到多帧尾碎片开销,GPON 系统开启 FEC 后,系统带宽降低为原吞吐量的 90%左右。GPON 在传输层使用 FEC 算法,大约可以将线路传输的误码率从 10^{-3} 降低到 10^{-12} 。

FEC 的特点及应用如下:

(1) 无须重传,实时性高。

(2) FEC 启动后,能够容忍线路上更大的噪声,但是有额外的带宽开销(用户需要根据实际情况在传输质量和带宽间作出选择)。

(3) 适合于数据到达对端后通过自身来查验并纠正的业务,不适合于查验有重传机制的业务。

(4) 可用于网络状况较差时的数据传输。如在工程使用中,当 ONT 距离远、线路质量差而导致光功率预算裕量不足或线路误码率高时,推荐开启 FEC。

(5) 可用于要求时延较小的业务(因为如果采用重传,则时延会增大)。

4.3.4　线路加密技术

GPON 系统中下行数据采用广播的方式发送到所有的 ONU 上,这样非法接入的 ONU 可以接收到其他 ONU 的下行数据,存在安全隐患。GPON 系统采用线路加密技术来解决这一安全问题。GPON 系统采用 AES-128 加密算法将明文传输的数据报文进行加密,以密文的方式进行传输,提高安全性。在安全性能要求高的场景,建议打开加密功能。GPON 系统中使用的加密算法不会增加额外开销,而且对带宽效率无影响。GPON 系统中的加密功能开启后,也并不会导致传输时延加大。线路的加密/解密过程如图 4 - 15 所示。

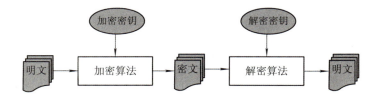

图 4 - 15　线路的加密/解密过程

4.3.5　网络保护技术

G.984.1 标准中规定了面向 PON 结构的保护倒换技术,设计了两套互为备用的系统结构,构成两个相互保护的数据通道,以提高接入网的可靠性。

GPON 系统的保护以下有两种方式。

(1) 自动倒换:指在检测到系统故障和缺陷(如信号丢失、帧丢失、信号恶化等)时进行保护。

(2) 强制倒换:指由人工进行的有目的的保护倒换(如光纤的预选路、光纤的更换等)。

注意:支持 POTS 的业务节点(交换)要求信元丢失周期小于 120 ms。如果信元丢失周期比 120 ms 长,则业务节点将呼叫连接并且在保护倒换后再次要求建立呼叫。

GPON 系统提供四种类型的保护倒换结构,如表 4 - 4 所示,可根据实际经济条件和需要选用,也可不选。

表 4 – 4　　GPON 系统的四种保护倒换类型

类型	Type A	Type B	Type C	Type D
冗余设备	双光纤、单ONU、单OLT、单分光器	双光纤、单ONU、双OLT、单分光器	双光纤、双ONU、双OLT、双分光器	双光纤、双ONU、部分双OLT、两组双分光器
备用状态	冷备份	冷备份	热备份	热备份
倒换时是否有帧和信号丢失	有	有	无	无

　　光纤保护倒换方式主要包括骨干光纤保护倒换、OLT PON 口保护倒换和全光纤保护倒换三种方式。在设备支持的前提下，可以根据实际需要采用相应的保护方式。对于公众客户，一般不考虑系统保护；对于有特殊要求的客户，可根据客户的要求选用相应级别的保护方式。

　　1）骨干光纤保护倒换

　　OLT 采用单个 PON 端口，PON 端口处内置 1×2 光开关，采用 2：N 分光器，在分光器和 OLT 之间建立两条独立的、互相备份的光纤链路，由 OLT 检测线路状态，一旦主光纤链路发生故障，切换至备用光纤链路，如图 4 – 16 所示。

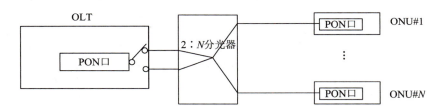

图 4 – 16　骨干光纤保护倒换(Type A)

　　2）OLT PON 口保护倒换

　　OLT 采用两个 PON 端口，备用的 PON 端口处于冷备用状态，采用 2：N 分光器，在分光器和 OLT 之间建立两条独立的、互相备份的光纤链路，由 OLT 检测线路状态和 OLT PON 端口状态，一旦主光纤链路发生故障，由 OLT 完成倒换，如图 4 – 17 所示。

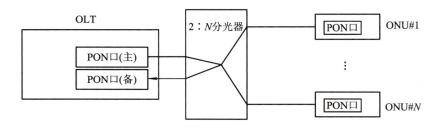

图 4 – 17　OLT PON 口保护倒换(Type B)

　　3）全光纤保护倒换

　　全光纤保护包括以下两种方式：

(1) OLT 采用两个 PON 端口，均处于工作状态；ONU 的 PON 端口前内置 1×2 光开关；采用 2 个 1∶N 分光器，在 ONU 和 OLT 之间建立两条独立的、互相备份的光纤链路；由 ONU 检测线路状态，一旦主光纤链路发生故障，由 ONU 完成倒换，如图 4-18 所示。

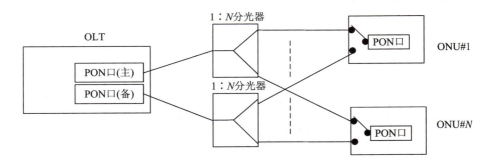

图 4-18　全光纤保护倒换一(Type C)

(2) OLT 侧和分光器均与第(1)种相同，在 ONU 侧采用 2 个 PON 口，系统采用热备份保护方式，保护倒换时间小于 50 ms，如图 4-19 所示。

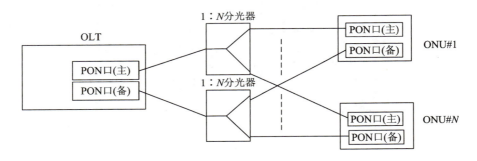

图 4-19　全光纤保护倒换二(Type D)

全光纤保护倒换配置对 OLT PON 口、ONU PON 口、分光器和全部光纤进行备份。在这种配置方式下，通过倒换到备用设备可在任意故障点进行恢复，具有高可靠性。

全光纤保护倒换方式的一个特例是：网络中有部分 ONU 以及 ONU 和分光器之间的光纤没有备份，此时没有备份的 ONU 不受保护。

【实训指导】

4.4　GPON 设备认知

国内典型的 GPON 设备生产厂家主要有中兴、华为、烽火等。各厂家的型号众多，GPON 系统的 ONU 设备有不同的物理接口配置和不同的功能。在实际应用中，GPON 设备与 EPON 设备可以共用 OLT 机框，其主要区别仅在业务单板上。本节主要以中兴 C300 和华为 MA5683T 为例介绍 GPON 的 OLT 设备。

GPON 设备认知

4.4.1 中兴 GPON 设备认知

1. 典型 OLT 设备——ZXA10 C300 简介

中兴 ZXA10 系列 OLT 主要有 C200、C220、C300 等。C300 设备的功能区分为 1U 风扇区、9U 单板功能区和 3U 专用走线区。其设备尺寸深度为 300 mm，机框高度为 10U，机框宽度支持两种宽机框(19 英寸、21 英寸)，常用的 19 英寸机框外形如图 4-20 所示。

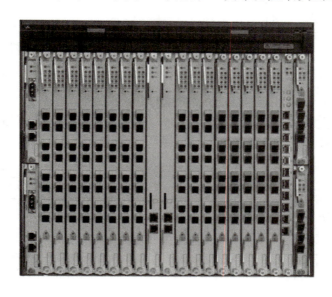

图 4-20 ZXA10 C300 19 英寸机框外形

ZXA10 C300 设备共有 19 个槽位，其中 1 号槽位为 2 块电源板；10 号和 11 号槽位为主控板；2~9 号和 12~17 号槽位为 14 块业务板槽位；18 号槽位为公共接口板，对外提供 2 MHz/bit、环境变量监测以及其他接口；19 号槽位为 2 块上联板。C300 设备板位图如图 4-21 所示。

1	2	3	4	5	6	7	8	9	10	11	12	13	14	15	16	17	18	19
电源板	业务板	业务板	业务板	业务板	业务板	业务板	业务板	业务板	主控板	主控板	业务板	业务板	业务板	业务板	业务板	业务板	公共接口板	上联板
电源板																		上联板

图 4-21 C300 设备板位图

1) 主控板

主控板主要用于业务管理和数据交换。业务管理主要包括线卡上/下线的处理、配置数据的保存、版本的保存和管理、主备同步和自动切换。数据交换可用于 L2/L3 层交换功能。主控板根据交换容量的大小可分为 A 型大容量交换控制板 SCXL、A 型中容量交换控制板 SCXM、B 型中容量交换控制板 SCXMB 等。

2）上联板

上联板用于数据格式的变换，提供各种类型的上联接口。上联板的种类主要有：XUTQ 为 4 路 10GE 光接口以太网上联板；GUFQ 为 4 路 GE 光接口以太网上联板；GUSQ 为光电混合千兆以太网接口板，包括 2 个 GE 以太网光接口、2 个 10M/100M/1000M 以太网电接口、RJ-45 接口；FTGHA 为 A 型 16 路千兆 PTP 以太网接口卡，提供 FT/GE 点对点光接入功能，有 16 个 100M/1000M PTP 光接口；FTGH 板提供 16 路 FE/GE 光接口。

3）业务板

C300 业务板的类型主要有 ETGO 和 ETGQ。ETGO 为 8 路 A 型 GPON 局端线路板，最大可连接 128 个 ONU，光接口类型为 SFP；ETGQ 为 4 路 A 型 GPON 局端线路板，最大可连接 128 个 ONU，光接口类型为 SFP。

4）背板

ZXA10 C300 背板包括 21 英寸背板 MWEA 和 19 英寸背板 MWIA 两种类型。背板提供的接口主要有以下几种：

（1）主控板、业务板、上联板接口；

（2）电源板接口：−48 V，−48 V GND，3.3 V GND；

（3）风扇插座：−48 V，−48 V GND，风扇检测/控制。

2. 典型 ONU 设备——ZXA10 F660 简介

中兴 ZXA10 系列 ONU 终端设备的型号主要有 F600、F601、F620、F660、F625 等。ZXA10 F660 是一款提供数据、语音、无线全业务接入能力的 GPON SFU 终端，可为用户提供高速的数据服务、优质的语音和视频服务、可靠的无线接入服务、便捷的存储服务，支持 OMCI 管理，可实现业务自动发放、故障诊断、性能统计，有效降低运维成本。ZXA10 F660 的外形如图 4-22 所示，ZXA10 F660 的接口如图 4-23 所示。

图 4-22　ZXA10 F660 外形

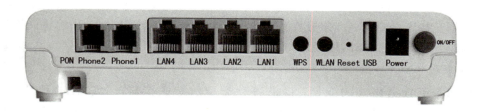

图 4 - 23 ZXA10 F660 的接口

ZXA10 F660 网络侧接口主要有：

- 光接口：1 个 GPON 口(SC/PC)；
- 传输速率：1.244 Gb/s(上)，2.488 Gb/s(下)。

用户侧接口主要有：

- 以太网接口：4 个 10/100M BASE-T；
- POTS 接口：2 个 RJ-11；
- WLAN 接口：1 个 WLAN (2X2)；
- USB 接口：1 个 USB 2.0 Host。

4.4.2 华为 GPON 设备认知

1. 典型 OLT 设备——MA5683T 简介

华为 MA5683T 为典型 GPON OLT 设备。MA5683T 的单板类型主要包括 GPON 业务板、主控板和上联板，其设备外形如图 4 - 24 所示。

图 4 - 24 MA5683T 设备外形

MA5683T 的前面板共包括 13 个槽位，编号分别为 0~12。其中，0~5 号槽位可放置 GPON 业务板，6、7 号槽位放置主控板，8、9 号槽位放置上联板。MA5683T 的各种单板采用机框编号/槽位编号/端口编号的格式，设备默认机框号为 0，端口编号也是从 0 开始。如 0 框 9 槽位的第一个端口应写为 0/9/0，0 框 0 槽位的第一个端口应写为 0/0/0。MA5683T

设备板位图如图 4 - 25 所示。

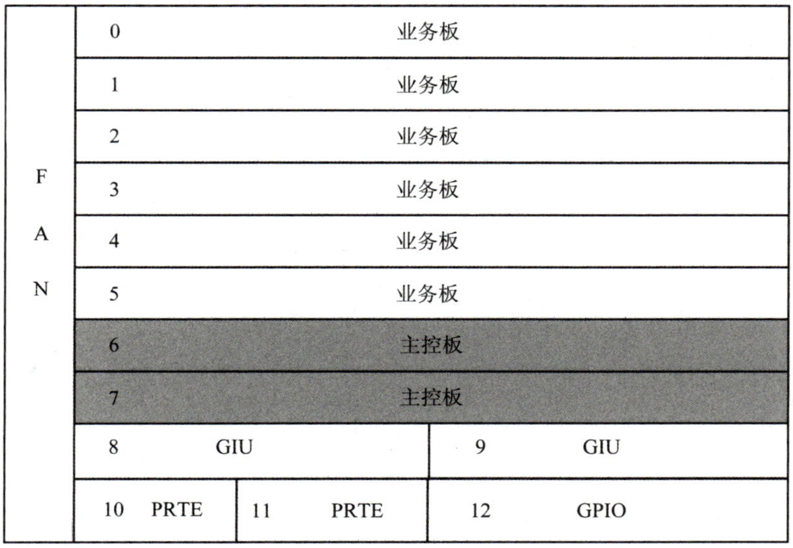

F A N	0		业务板		
	1		业务板		
	2		业务板		
	3		业务板		
	4		业务板		
	5		业务板		
	6		主控板		
	7		主控板		
	8	GIU		9	GIU
	10	PRTE	11	PRTE	12　GPIO

图 4 - 25　MA5683T 设备板位图

　　GPON 主控板负责系统的控制和业务管理，并提供维护串口与网口，以方便维护终端和网管客户端登录系统。上联板上行接口上行至上层网络设备，它提供的接口类型包括 GE 光/电接口、10GE 光接口、E1 接口和 STM-1 接口。业务板实现 PON 业务的接入和汇聚，与主控板配合，实现对 ONU/ONT 的管理。这里主要介绍 GPON 业务单板 GPBD。

　　GPBD 是 8 端口 GPON OLT 接口板，和 ONU 设备配合，实现 GPON 业务的接入。GPBD 单板的工作原理框图如图 4 - 26 所示。

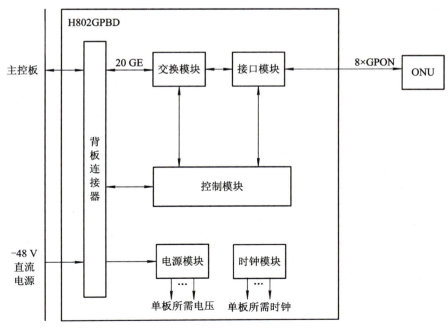

图 4 - 26　GPBD 单板的工作原理框图

GPBD 的功能如下：

（1）控制模块完成对单板的软件加载、运行控制、管理等功能。

（2）交换模块实现 8 个 GPON 端口信号的汇聚。

（3）接口模块实现 GPON 光信号和以太网报文的相互转换。

（4）电源模块为单板内各功能模块提供工作电源。

（5）时钟模块为单板内各功能模块提供工作时钟。

GPBD 面板接口如图 4－27 所示。

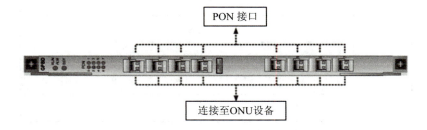

图 4－27　GPBD 面板接口

GPBD 告警指示灯说明见表 4－5。

表 4－5　GPBD 告警指示灯说明

指示灯丝印	指示灯名称	指示灯状态	状态描述
RUN ALM	运行状态指示灯	红灯闪烁	单板启动过程中 APP 启动阶段
		绿灯闪烁（周期 0.25 s）	单板启动过程中与主控板通信阶段
		绿灯闪烁（周期 1 s）	单板运行正常
		橙灯闪烁	高温告警
		红灯常亮	单板故障
BSY	业务在线指示灯	绿灯闪烁	单板有业务运行
		绿灯灭	单板无业务运行
0、1、2、3、…	PON 端口指示灯	绿灯亮	对应的 PON 端口有 ONT 在线
		绿灯闪烁	光模块不生效
		绿灯灭	对应的 PON 端口无 ONT 在线

2. 典型 ONU 设备——HG8247 简介

ONU 设备主要有两类，一类是用于 FTTB 接入的多用户单元 MDU（Multi-Dwelling Unit），另一类为用于 FTTH 的光网络终端设备 ONT（Optic Network Terminal）。华为 GPON 的光网络终端设备主要有 HG8240、HG8245、HG8247、HG8247e 等，通过单根光纤提供高速数据、优质的语音和视频服务。另外，HG8247 还提供安全可靠的无线接入业务、方便的家庭网络存储和文件共享服务。

HG8247 的背面板接口和侧面板接口分别如图 4－28 和图 4－29 所示。

图 4-28　HG8247 的背面板接口

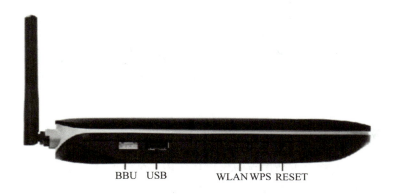

图 4-29　HG8247 的侧面板接口

HG8247 有 1 个 CATV 接口，可连接电视机，提供优质的 CATV 业务传输服务。4 个 10/100/1000M Base-T 以太网接口，可连接 PC、STB、可视电话等，提供高速的数据及视频业务。2 个 TEL 接口，可连接电话或传真机，提供基于 IP 网络完善且经济实用的 VoIP (Voice over IP) 电话服务、FoIP (Fax over IP) 传真服务和 MoIP (Modem over IP) 服务。HG8247 的背面板接口说明见表 4-6，侧面板接口说明见表 4-7。

表 4-6　HG8247 的背面板接口说明

接口/按钮	功　　　能
CATV	射频接口，用于连接电视机
OPTICAL	光纤接口，带有橡胶塞。连接光纤，用于光纤上行接入。连接 OPTICAL 接口处的光纤接头类型为 SC/APC
LAN1～LAN4	自适应 10/100/1000M Base-T 以太网接口（RJ-45），用于连接计算机或者 IP 机顶盒的以太网接口
TEL1、TEL2	VoIP 电话接口（RJ-11），用于连接电话接口
ON/OFF	电源开关，用于控制开启和关闭设备电源
POWER	电源接口，用于连接电源适配器或者备用电池单元

表 4 - 7　HG8247 的侧面板接口说明

接口/按钮	功　　能
BBU	外置备用电池监控接口,用于连接备用电池单元,并对备用电池单元进行监控
USB	USB Host 接口,用于连接 USB 接口存储设备
WLAN	WLAN 启动按钮,用于开启 WLAN 功能
WPS	WLAN 数据加密开关
RESET	设备重启按钮。短按为重启设备;长按(大于 10 s)为恢复出厂设置并重启设备

4.5　中兴 GPON 设备业务开通配置

4.5.1　组网规划

GPON 技术采用点到多点的用户网络拓扑结构,利用光纤实现数据、语音和视频的全业务接入。基于 GPON 技术的 VoIP 语音系统采用基于以太网的承载,协议统一、简单,便于与 NGN 网络的各种协议相配合。VoIP 呼叫是从用户端 ONT 设备发起的,业务流在 OLT 汇聚,再通过 FE/GE 上联到软交换语音平台。由于语音业务的特殊性,需配置最高的优先级。现采用中兴 ZXA10 系列设备 C300 为 OLT、F660 为 ONU 进行组网。VoIP 系统组网如图 4 - 30 所示。

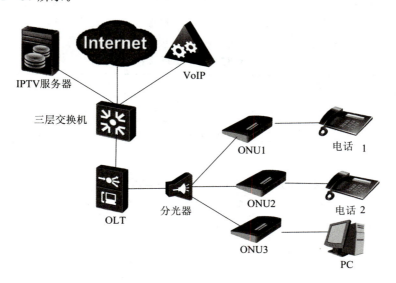

图 4 - 30　VoIP 系统组网图

4.5.2　业务数据规划

业务数据规划见表 4－8。

表 4－8　业务数据规划表

配置项	数　据
OLT 上联口	gei_1/19/1，1 号机框 19 号槽位 1 号端口
PON 口	gpon_olt_1/2/1，1 号机框 2 号槽位 1 号端口
逻辑子接口	gpon_olt_1/2/1：1，1 号机框 2 号槽位 1 号端口的第一个逻辑子接口
ONU	ID：1 接口：eth1、eth2、eth3、eth4 Sn：ZTEGC07C7C7E
DBA 模板	宽带类型： Type 1 固定带宽：2 Mb/s； Type 2 保证带宽：5 Mb/s； Type 3 保证带宽：10 Mb/s； Type 4 最大带宽：15 Mb/s； Type 5 尽力而为带宽：2～5 Mb/s，最大 20 Mb/s
GEM Port	宽带：GEM Port ID 为 1； 组播：GEM Port ID 为 2； VoIP：GEM Port ID 为 3
T-CONT	宽带：T-CONT ID 为 1； 组播：T-CONT ID 为 2； VoIP：T-CONT ID 为 3
VoIP-IP 地址	IP：192.168.10.10 Mask：255.255.255.0
VoIP 业务参数	用户名：6001011； 密码：123456； 协议：SIP； 语音业务优先级：7

4.5.3　配置流程

下面以中兴 ZXA10 C300 为例进行业务开局配置。

1. 基本配置

登录 OLT，通过超级终端，系统进入命令行模式"ZXAN＞"，输入"enable"以及用户名

"zte"、密码"zte"进入特权模式：

  ZXAN ♯

  添加和查看机架、机框、单板：

    ZXAN♯con t

    ZXAN(config)♯add-rack rackno 1 racktype IEC19

    ZXAN(config)♯show rack rackno 1

    ZXAN(config)♯add-shelf shelfno 1 shelftype IEC_SHELF

    ZXAN(config)♯show shelf

    ZXAN(config)♯add-card slotno 0 prwg

    ZXAN(config)♯add-card slotno 2 gtgo

    ZXAN(config)♯add-card slotno 19 gusq

  启用 PNP：

    ZXAN(config)♯set-pnp en

  风扇设置：

    ZXAN(config)♯fan control temp_level 30 40 50 60

    ZXAN(config)♯fan speed-percent-set 30 45 60 80

    ZXAN(config)♯fan high-threshold 70

2. 认证 ONU

  创建 ONU 类型模板：

    ZXAN♯con t

    ZXAN(config)♯pon

    ZXAN(config-pon)♯onu-type ZTE-F660 gpon description 4FE, 2POTS, 1WIFI max-tcont 7

    ZXAN(config-pon)♯onu-type-if ZTE-F660 eth_0/1-4

    ZXAN(config-pon)♯onu-type-if ZTE-F660 pots_0/1-2

    ZXAN(config-pon)♯onu-type-if ZTE-F660 wifi_0/1

  查看 PON 口未认证的 ONU：

    ZXAN(config)♯show gpon onu uncfg gpon-olt_1/2/1

```
OnuIndex              Sn                State
-------------------------------------------------------------
gpon-onu_1/2/1：1     ZTEGC07C7C7E      unknown
```

  认证 ONU：

    ZXAN(config)♯int gpon-olt_1/2/1

    ZXAN(config-if)♯onu 1 type ZTE-F660 sn ZTEGC07C7C7E

    ZXAN(config-if)♯show gpon onu state gpon-olt_1/2/1

```
OnuIndex           Admin State   OMCC State   O7 StatePhase State
-------------------------------------------------------------
gpon-onu_1/2/1：1   enable        disable      operation    syncMib
ONU Number：0/1
```

3. 业务模板配置

  配置 T-CONT 模板：

ZXAN(config)♯gpon

ZXAN(config-gpon)♯profile tcont20M type 5 fixed 2000 assured 5000 maximum 20000

ZXAN(config-gpon)♯profile tcont15M type 4 maximum 15000

ZXAN(config-gpon)♯profile tcont10M type 3 assured 5000 maximum 10000

ZXAN(config-gpon)♯profile tcont5M type 2 assured 5000

ZXAN(config-gpon)♯profile tcont2M type 1 fixed 2000

配置 VoIP VLAN 模板：

ZXAN(config-gpon)♯onu profile vlan vlan-test tag-mode tag cvlan 300 priority 7

VoIP 服务模板设置：

ZXAN(config-gpon)♯onu profile voip-appsrv voip-service call-waiting enable call-transfer enable call-hold enable 3way enable

VoIP 拨号模板设置：

ZXAN(config-gpon)♯onu profile dial-plan-table test

ZXAN(config-gpon)♯onu profile dial-plan test 1 token X*.X.♯|♯X.*.X.♯♯

ZXAN(config-gpon)♯onu profile dial-plan test 2 token ♯X.*.X.T|♯X.*.X.♯T

ZXAN(config-gpon)♯onu profile dial-plan test 3 token X*.X.T|*.X.*.X.*.X.♯♯

ZXAN(config-gpon)♯onu profile dial-plan test 4 token *.*.X.*.X.*.X.♯T

ZXAN(config-gpon)♯onu profile dial-plan test 5 token ♯X.*.X.*.X.♯♯

配置 SIP 模板：

ZXAN(config-gpon)♯onu profile sip sip-test proxy 192.168.10.1

ZXAN(config-gpon)♯onu profile sip sip-test appsrv voip-service

ZXAN(config-gpon)♯onu profile sip sip-test dial-plan test

配置 IP 模板：

ZXAN(config-gpon)♯onu profile ip ip-test static gateway 192.168.10.1

ZXAN(config-gpon)♯exit

VLAN 创建：

ZXAN(config)♯vlan 100

ZXAN(config-vlan)♯exit

ZXAN(config)♯vlan 200

ZXAN(config-vlan)♯exit

ZXAN(config)♯vlan 300

ZXAN(config-vlan)♯exit

上联接口 gei_1/19/1 配置：

ZXAN(config)♯interface gei_1/19/1

ZXAN(config-if)♯switchport mode hybrid

ZXAN(config-if)♯sw vlan 100，200，300 tag

ZXAN(config-if)♯exit

4. 宽带业务配置

配置 T-CONT：

ZXAN(config)♯interface gpon-onu_1/2/1：1

ZXAN(config-if)♯tcont 1 name T1 profile10M

配置 GEM Port：

    ZXAN(config-if)♯gemport 1 name gemport1 unicast tcont 1

配置业务端口 VLAN：

    ZXAN(config-if)♯service-port 1 vport 1 user-vlan 100 vlan 100

    ZXAN(config-if)♯exit

配置业务通道：

    ZXAN(config)♯pon-onu-mng gpon-onu_1/2/1：1

    ZXAN(gpon-onu-mng)♯service HSI type internet gemport 1 cos 0 vlan 100

配置用户端口 VLAN：

    ZXAN(gpon-onu-mng)♯vlan port eth_0/1 mode tag vlan 100 priority 0

5. 组播业务配置

配置 T-CONT：

    ZXAN(config)♯int gpon-onu_1/2/1：1

    ZXAN(config-if)♯tcont 2 name T2 profile5M

配置 GEM Port：

    ZXAN(config-if)♯gemport 2 name gemport2 unicast tcont 2

配置业务端口 VLAN：

    ZXAN(config-if)♯service-port 2 vport 2 user-vlan 200 vlan 200

配置端口 IGMP 参数：

    ZXAN(config-if)♯igmp fast-leave enable vport 2

    ZXAN(config-if)♯igmp version v3 vport 2

    ZXAN(config-if)♯exit

全局使能 IGMP 协议：

    ZXAN(config)♯igmp enable

配置 MVLAN：

    ZXAN(config)♯igmp mvlan 200

配置 MVLAN 工作模式：

    ZXAN(config)♯igmp mvlan 200 work-mode proxy

配置组播组：

    ZXAN(config)♯igmp mvlan 200 group 224.1.1.1

配置 MVLAN 源端口：

    ZXAN(config)♯igmp mvlan 200 source-port gei_1/19/1

配置 MVLAN 接收端口：

    ZXAN(config)♯igmp mvlan 200 receive-port gpon-onu_1/2/1：1 vport 2

配置业务通道：

    ZXAN(config)♯pon-onu-mng gpon-onu_1/2/1：1

    ZXAN(gpon-onu-mng)♯service mul type iptv gemport 2 cos 5 vlan 200

配置用户端口 MVLAN：

    ZXAN(gpon-onu-mng)♯multicast vlan add vlanlist 200

    ZXAN(gpon-onu-mng)♯multicast vlan tag-strip port eth_0/2 enable

配置用户端口 VLAN：

　　ZXAN(gpon-onu-mng)♯vlan port eth_0/2 mode tag vlan 200 priority 5

　　ZXAN(gpon-onu-mng)♯exit

6. VoIP 开通

配置 T-CONT：

　　ZXAN(config)interface gpon-onu_0/1/2：1

　　ZXAN(config-if)♯tcont 3 name voip profile2M

配置 GEM Port：

　　ZXAN(config-if)♯gemport 3 name gemport3 unicast tcont 3

　　ZXAN(config-if)♯exit

配置业务端口 VLAN：

　　ZXAN(config)♯interface gpon-onu_0/1/2：1

　　ZXAN(config-if)♯service-port 3 vport 3 user-vlan 300 vlan 300

　　ZXAN(config-if)♯exit

配置业务通道：

　　ZXAN(config)♯pon-onu-mng gpon-onu_0/1/2：1

　　ZXAN(gpon-onu-mng)♯service voip-sip type voip gemport 3 cos 7 vlan 300

配置 VoIP 协议类型：

　　ZXAN(config)♯voip protocol sip

配置 VoIP 地址：

　　ZXAN(config)♯voip-ip mode static ip-profile ip-test ip-address　192.168.10.10 mask 255.255.255.0 vlan-profile vlan-test

配置 VoIP 业务：

　　ZXAN(config)♯sip-service pots_0/1 profile sip-test userid 6001011 username 6001011 password 123456

4.6　华为 GPON 设备三网融合业务配置

4.6.1　组网规划

利用 GPON 技术可以实现 FTTC、FTTB、FTTH 等不同的组网类型系统，可以为用户提供高速上网业务，基于 IP 网络的高质量、低成本的 VoIP 电话服务和 IPTV 业务，即"三网融合"，典型组网规划如图 4 - 31 所示。各种终端设备的上行方向通过 PON(Passive Optical Network)端口(即 OPTICAL 光口)连接分光器与网络侧的 OLT 设备 MA5608T 对接，提供综合接入服务；下行方向 HG8247 通过 LAN 侧丰富的接口与各种终端设备连接，实现 Triple-Play 服务。

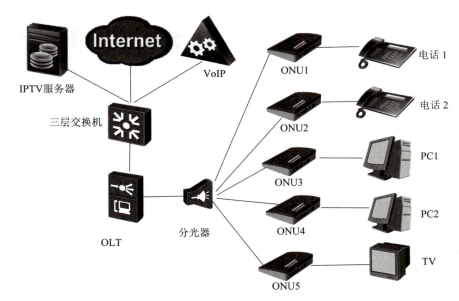

图 4-31　三网融合组网图

4.6.2　业务数据规划

本实训可实现高速上网业务、VoIP 业务和 IPTV 业务。主要业务功能描述如下：

宽带业务配置

1. 高速上网业务

（1）用户 PC 采用 PPPoE 拨号方式，通过 LAN 口接入到 ONT，ONT 以 GPON 方式接入 OLT 至上层网络，实现高速上网业务。

（2）高速上网业务采用单层 VLAN 来标识。

（3）高速上网业务 DBA 采用保证带宽＋最大带宽方式，上、下行流量控制不限速。

2. VoIP 业务

（1）ONT 使用 SIP 协议连接 SIP 服务器。

（2）ONT 通过静态带宽分配方式配置 IP 地址。

（3）两部电话分别接在 ONT 的 TEL 端口，相互之间能够通话。

（4）不同 ONT 下的电话相互之间能够通话。

（5）VoIP 业务 DBA 采用固定带宽分配方式，上、下行流量控制不限速。

语音业务配置

3. IPTV 业务

（1）OLT 采用 IGMP Proxy 二层组播协议。

（2）组播节目采用静态配置方式，不对组播用户鉴权。

（3）组播 VLAN 的 IGMP 版本为 IGMP V3。

（4）IPTV 业务 DBA 采用保证带宽方式，上、下行流量控制不限速。

IPTV 业务配置

根据业务需求，列出业务数据清单，见表 4-9。

表 4-9　业务数据清单表

业务分类	数据项	具 体 数 据	备　注
组网数据	FTTH	OLT 上行口：0/3/0； OLT PON 端口：0/1/0； ONT ID：1	—
业务 VLAN	HSI 业务	ONU VLAN：3； OLT VLAN（透传 ONU 的 VLAN）：3	—
	VoIP 业务	ONU VLAN：4； OLT VLAN（透传 ONU 的 VLAN）：4	VoIP 业务一般用单层 VLAN 标识
	IPTV 业务	组播 VLAN：2	一般组播 VLAN 根据组播源划分
QoS(DBA)	HSI 业务	模板索引：9； 模板类型：Type3； 保证带宽：32 Mb/s； 最大带宽：65 Mb/s； 适用 T-CONT：2；	DBA 用于控制 ONU 上行带宽，DBA 模板与 TCONT 绑定，不同 TCONT 规划为不同的带宽保证类型。 一般地，高优先级的业务采用固定带宽或保证带宽，低优先级的业务采用最大带宽或尽力转发
	VoIP 业务	模板索引：1； 模板类型：Type1； 固定带宽：5 Mb/s； 适用 T-CONT：3	
	IPTV 业务	模板索引：7； 模板类型：Type2； 保证带宽：32 Mb/s； 适用 T-CONT：3	
IPTV 业务数据	组播协议	OLT：IGMP Proxy； ONU：IGMP； Snooping	—
	组播版本	IGMP V3	支持 IGMP V3 和 IGMP V2，且 IGMP V3 兼容 IGMP V2
	组播节目配置方式	节目静态配置方式	OLT 还支持节目动态生成方式：根据用户点播动态生成节目。这种方式无须配置和维护节目列表，但不支持节目管理、用户组播带宽管理、节目预览和预加入功能
	组播节目	224.2.2.1～224.2.2.15	—

4.6.3 基础配置和业务配置

1. 基础配置

1)业务单板确认

现以华为 MA5608T 为例进行业务单板配置。

业务开通前,需要添加业务单板。先进入配置模式:

```
MA5608T#config
MA5608T(config)#
```

查看单板信息:

```
MA5608T(config)#display board   0
```

SlotID   BoardName   Status   SubType0 SubType1   Online/Offline

----

```
   0
   1        H807GPBD    Auto_find
   2
   3        H801MCUD    Active_normal    CPCA
   4        H801MPWC    Normal
   5
```

确认单板:

```
MA5608T(config)#board confirm 0/1
```

确认之后,查询单板运行状态"Status"为"Normal"。

2)打开 PON 口自动发现功能

默认情况下华为 OLT 未开启 PON 口自动发现功能,需打开 PON 口自动发现功能。

进入业务单板:

```
MA5608T(config)#interface gpon 0/1
```

打开所有 PON 口的自动发现功能:

```
MA5608T(config-if-gpon-0/1)#port 0 ont-auto-find enable
MA5608T(config-if-gpon-0/1)#port 1 ont-auto-find enable
MA5608T(config-if-gpon-0/1)#port 2 ont-auto-find enable
MA5608T(config-if-gpon-0/1)#port 3 ont-auto-find enable
MA5608T(config-if-gpon-0/1)#port 4 ont-auto-find enable
MA5608T(config-if-gpon-0/1)#port 5 ont-auto-find enable
MA5608T(config-if-gpon-0/1)#port 6 ont-auto-find enable
MA5608T(config-if-gpon-0/1)#port 7 ont-auto-find enable
MA5608T(config-if-gpon-0/1)#quit
```

3)配置业务 VLAN

配置 VLAN2、VLAN3 和 VLAN4:

MA5608T(config)♯vlan 2 to 4 smart

It will take several minutes，and console may be timeout，please use command　idle-timeout to set time limit

Are you sure to add VLANs? (y/n)[n]：y

The total of the VLANs having been processed is 3

The total of the added VLANs is3

在上行口加入业务 VLAN：

MA5608T(config)♯port vlan 2 to 4 0/3 0

It will take several minutes，and console may be timeout，please use command　idle-timeout to set time limit

Are you sure to add standard port(s)? (y/n)[n]：y

The total of the VLANs having been processed is 3

The total of the port VLAN(s) having been added is 3

4）配置 DBA 模板

华为 OLT 缺省已配置 10 个 DBA 模板，可通过以下命令查看：

MA5608T(config)♯display dba-profile all

Profile-ID type compensation	Bandwidth (kbps)	Fix (kbps)	Assure (kbps)	Max times	Bind
0	3	No	0	8192	20480	0
1	1	No	5120	0	0	0
2	1	No	1024	0	0	0
3	4	No	0	0	32768	0
4	1	No	1024000	0	0	0
5	1	No	32768	0	0	0
6	1	No	102400	0	0	0
7	2	No	0	32768	0	0
8	2	No	0	102400	0	0
9	3	No	0	32768	65536	0

若以上模板不能满足业务需求，可以新建 DBA 模板：

MA5608T(config)♯dba-profile add profile-id 10 type1 fix 2048

MA5608T(config)♯dba-profile add profile-id 11 type2 assure 10240

MA5608T(config)♯dba-profile add profile-id 12 type3 assure 10240 max 102400

查看新建的 DBA 模板：

MA5608T(config)♯display dba-profile all

Profile-ID	type	Bandwidth (kbps) compensation	Fix (kbps)	Assure (kbps)	Max times	Bind

0	3	No	0	8192	20480	1
1	1	No	5120	0	0	2
2	1	No	1024	0	0	1
3	4	No	0	0	32768	0
4	1	No	1024000	0	0	0
5	1	No	32768	0	0	0
6	1	No	102400	0	0	0
7	2	No	0	32768	0	2
8	2	No	0	102400	0	0
9	3	No	0	32768	65536	1
10	1	No	2048	0	0	0
11	2	No	0	10240	0	0
12	3	No	0	10240	102400	0

5) 配置线路模板

创建 GPON 线路模板,并进入线路模板配置视图:

    MA5608T(config)♯ont-lineprofile gpon profile-name HG8247

绑定 DBA 模板:

    MA5608T(config-gpon-lineprofile-2)♯tcont 1 dba-profile-id 7

    MA5608T(config-gpon-lineprofile-2)♯tcont 2 dba-profile-id 9

    MA5608T(config-gpon-lineprofile-2)♯tcont 3 dba-profile-id 1

配置 GEM Index 与 T-CONT 的绑定关系:

    MA5608T(config-gpon-lineprofile-2)♯gem add 1 eth tcont 1

    MA5608T(config-gpon-lineprofile-2)♯gem add 2 eth tcont 2

    MA5608T(config-gpon-lineprofile-2)♯gem add 3 eth tcont 3

配置 GEM Port 与 ONT 侧业务的映射关系:

    MA5608T(config-gpon-lineprofile-2)♯gem mapping 1 1 vlan 2

    MA5608T(config-gpon-lineprofile-2)♯gem mapping 2 2 vlan 3

    MA5608T(config-gpon-lineprofile-2)♯gem mapping 3 3 vlan 4

使用 commit 命令使模板配置参数生效:

    MA5608T(config-gpon-lineprofile-2)♯commit

退出线路模板配置视图:

    MA5608T(config-gpon-lineprofile-2)♯quit

6) 配置业务模板

创建 GPON 业务模板,并进入业务模板配置视图:

    MA5608T(config)♯ont-srvprofile gpon profile-name HG8247

配置 ONT 的端口能力集(端口能力集配置未 adaptive 时,系统将根据上限 ONT 的实际能力进行自适应):

    MA5608T(config-gpon-srvprofile-2)♯ont-port pots adaptive eth adaptive catv adaptive

配置 ONT 的端口 VLAN:

    MA5608T(config-gpon-srvprofile-2)♯port vlan eth 1 2

　　　　MA5608T(config-gpon-srvprofile-2)♯port vlan eth 2 3

使用 commit 命令使模板配置参数生效：

　　　　MA5608T(config-gpon-srvprofile-2)♯commit

退出业务模板配置视图：

　　　　MA5608T(config-gpon-srvprofile-2)♯quit

7）注册 ONU

查看未注册 ONU 信息：

　　　　MA5608T(config)♯display ont autofind all

　　　　Number　　　　　　　　：　　1
　　　　F/S/P　　　　　　　　：　　0/1/0
　　　　Ont SN　　　　　　　：　　48575443D6090792（HWTC-D6090792）
　　　　Password　　　　　　：　　0x00000000000000000000
　　　　Loid　　　　　　　　：
　　　　Checkcode　　　　　：
　　　　VendorID　　　　　　：　　HWTC
　　　　Ont Version　　　　：　　160A4600
　　　　Ont SoftwareVersion　：　　V1R003C80S003
　　　　Ont EquipmentID　　：　　247a
　　　　Ont autofind time　　：　　2016-07-19 10：34：56＋08：00

　　　　The number of GPON autofind ONT is 1

进入 GPON 业务模板视图：

　　　　MA5608T(config)♯interface gpon 0/1

注册 ONU：

　　　　MA5608T(config-if-gpon-0/1)♯ont add 0 1 sn-auth 48575443D6090792 omci ont-lineprofile-name HG8247 ont-srvprofile-name HG8247

　　　{ ＜cr＞|desc＜K＞ }：

　　　Command：

　　　ont add 0 1 sn-auth 48575443D6090792 omci ont-lineprofile-name HG8247 ont-srvprofile-name HG8247

　　　Number of ONTs that can be added：1，success：1

　　　PortID：0，ONTID：1

2. 业务配置

1）宽带业务配置

进入 GPON 业务配置视图：

　　　　MA5608T(config)♯interface gpon 0/1

配置 ONT 端口 Native VLAN：

　　　　MA5608T(config-if-gpon-0/1)♯ont port native-vlan 0 1 eth 2 vlan 3

　　　{ ＜cr＞|priority＜K＞ }：

Command：

ont port native-vlan 0 1 eth 2 vlan 3

退出 GPON 业务配置视图：

MA5608T(config-if-gpon-0/1)♯quit

配置业务流：

MA5608T(config)♯service-port vlan 3 gpon　0/1/0 ont 1 Gemport 2 multi-service user-vlan 3

｛ ＜cr＞|bundle＜K＞|inbound＜K＞|rx-cttr＜K＞|tag-transform＜K＞|user-encap＜K＞ ｝：

　Command：

service-port vlan 3 gpon　0/1/0 ont 1 Gemport 2 multi-service user-vlan 3

2）语音业务配置

OLT 侧数据配置如下：

（1）使能 ARP Proxy 功能。

对于同一业务 VLAN 下的不同用户，由于 Smart VLAN 中包含的业务虚端口相互隔离，导致语音媒体流不能正常交互，因此需要使用 OLT 的 ARP Proxy 功能。

MA5608T(config)♯ arp proxy enable

MA5608T(config)♯ interface vlanif4

MA5608T (config-if-vlanif4)♯arp proxy enable

MA5608T (config-if-vlanif4)♯quit

（2）配置业务流。

MA5608T(config)♯service-port vlan4 gpon　0/1/0 ont 1 Gemport 3 multi-service user-vlan 4

｛ ＜cr＞|bundle＜K＞|inbound＜K＞|rx-cttr＜K＞|tag-transform＜K＞|user-encap＜K＞ ｝

　Command：

service-port vlan 4 gpon　0/1/0 ont 1 Gemport 3 multi-service user-vlan 4

ONU 侧业务配置如下：

首先用网线将 HG8247 的 LAN 口与配置计算机连接。

将本地连接的 IP 地址设置为 192.168.100.2，掩码设置为 255.255.255.0，如图 4-32 所示。

打开浏览器，在地址栏输入"http：//192.168.100.1"，弹出 ONU 登录界面，如图4-33 所示。

输入用户名和密码（HG8247 缺省用户名为 telecomadmin，密码为 admintelecom）。登录 web 管理界面之后，切换到"WAN"选项卡，如图 4-34 所示。

新建 WAN 口连接，如图 4-35 所示，填写各参数，并点击"应用"按钮。

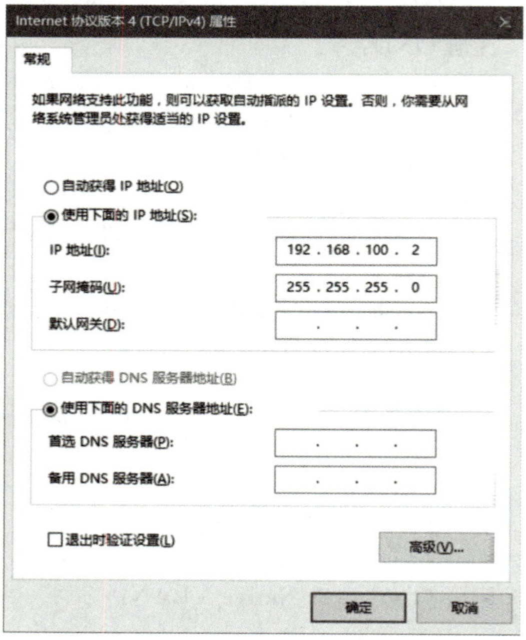

图 4-32　本地 IP 地址设置

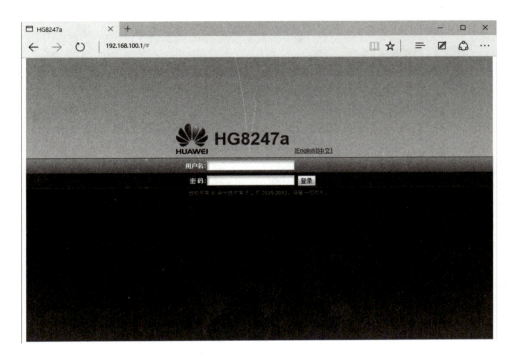

图 4－33　ONU 登录界面

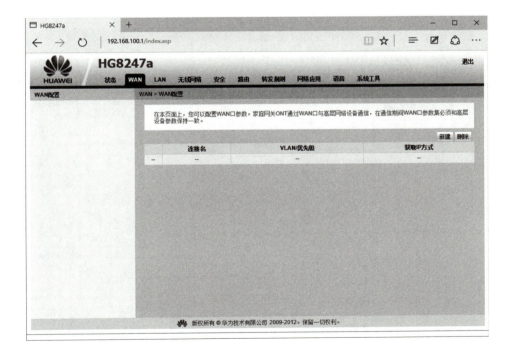

图 4－34　web 管理界面 WAN 选项

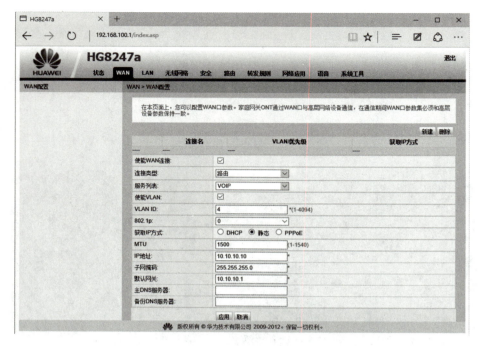

图 4 - 35　WAN 连接配置

　　切换到"语音"选项卡,如图 4 - 36 所示,配置接口基本参数:填写主用服务器地址为200.200.200.200,信令端口和媒体端口均选择 1_VOIP_R_VID_4,点击"应用"按钮。

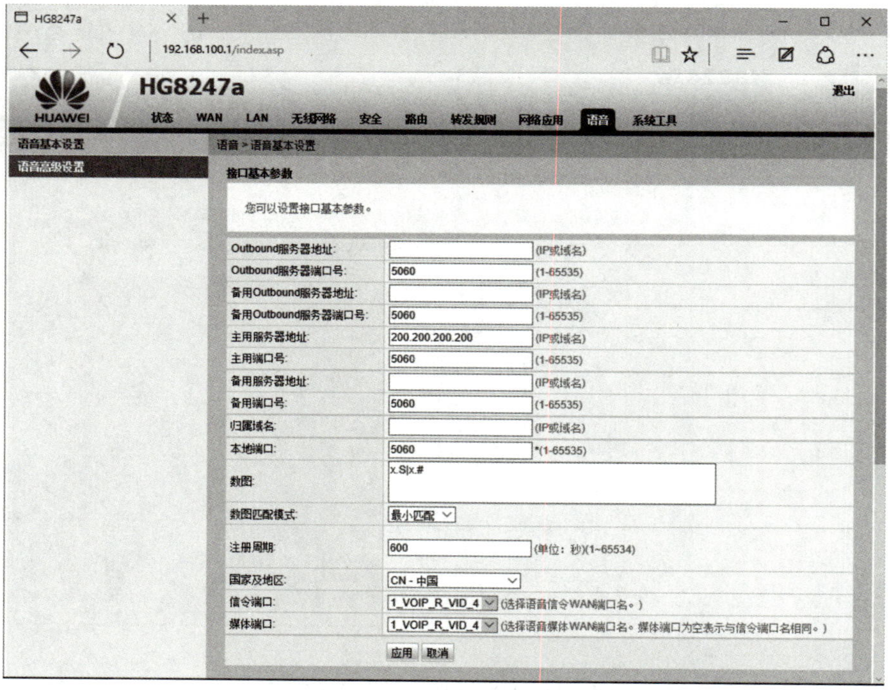

图 4 - 36　语音参数配置

最后配置 SIP 电话注册信息，如图 4 – 37 所示。

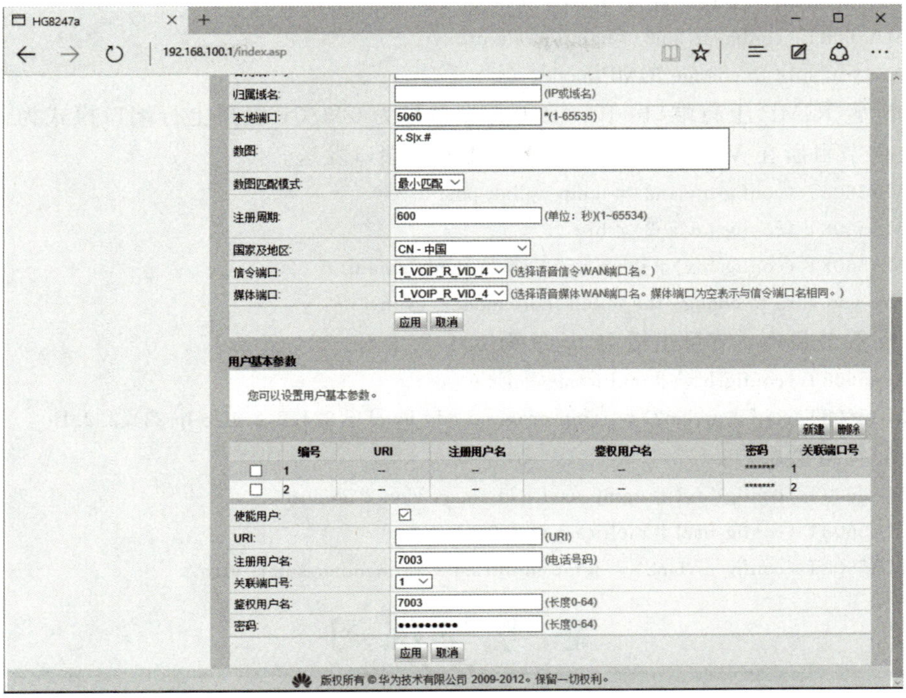

图 4 – 37　SIP 电话注册信息参数

3）组播业务配置

IPTV 采用组播配置。

（1）进入 GPON 业务配置视图：

　　MA5608T(config)＃interface gpon 0/1

（2）配置 ONT 端口 Native VLAN：

　　MA5608T(config-if-gpon-0/1)＃ont port native-vlan 0 1 eth1 vlan 2

　　{ ＜cr＞|priority＜K＞ }：

　　　　Command：

　　ont port native-vlan 0 1 eth1 vlan 2

（3）退出 GPON 业务配置视图：

　　MA5608T(config-if-gpon-0/1)＃quit

（4）配置业务流：

　　MA5608T(config)＃service-port vlan 2 gpon　0/1/0 ont 1 Gemport 1 multi-service user-vlan 2

　　{ ＜cr＞|bundle＜K＞|inbound＜K＞|rx-cttr＜K＞|tag-transform＜K＞|user-encap＜K＞ }：

　　　　Command：

　　service-port vlan 2 gpon　0/1/0 ont 1 Gemport1 multi-service user-vlan 2

（5）创建组播 VLAN 并配置 IGMP 版本：

　　MA5608T(config)＃multicast-vlan 2

　　MA5608T (config-mvlan2)＃igmp version v3

　　This operation will delete all programs in current multicast vlan

Are you sure to change current IGMP version? (y/n)[n]：y

（6）配置 IGMP 模式：使用 IGMP proxy 模式。

MA5608T（config-mvlan2）# igmp mode proxy

Are you sure to change IGMP mode? (y/n)[n]：y

（7）配置 IGMP 上行端口：IGMP 上行端口号为 0/3/0；组播上行端口模式为 defaul-，协议报文向节目所在 VLAN 包含的所有组播上行端口发送。

MA5608T（config-mvlan2）# igmp uplink-port 0/3/0

MA5608T（config-mvlan2）# btv

MA5608T（config-btv）# igmp uplink-port-mode default

Are you sure to change the uplink port mode? (y/n)[n]：y

（8）配置节目库：节目组播 IP 地址为 224.2.2.1～224.2.2.15。

MA5608T（config-btv）# multicast-vlan 2

MA5608T（config-mvlan2）# igmp program add batchip 224.2.2.1 to-ip 224.2.2.15

（9）配置组播用户：

MA5608T（config-btv）# igmp user add smart-vlan 2 no-auth

MA5608T（config-btv）# multicast-vlan 2

MA5608T（config-mvlan2）# igmp multicast-vlan member smart-vlan 2

思 考 与 练 习

4.1　总结 GPON 的技术特点。

4.2　简述 GPON 上行帧的复用结构和映射关系。

4.3　简述 GPON 测距技术的原理。

4.4　简述 GPON 自动带宽分配技术原理。

4.5　GPON 的网络保护方式有哪些？

4.6　总结 GPON 与 EPON 标准的比较。

4.7　总结 GPON 业务开通与 EPON 业务开通的区别。

4.8　试参照图 4-31 所示三网融合组网图，用 GPON 技术完成三网融合(含宽带业务、语音和 IPTV 业务)的业务规划和数据配置。

项目 5　HFC 宽带接入技术

【教学目标】

初步了解 HFC 接入网的基本概念、拓扑结构、CATV、Cable Modem 技术和 EPON＋EOC 技术，掌握 EOC 系统原理和典型应用。

【知识点与技能点】

- HFC 网络组成；
- HFC 拓扑结构；
- CATV；
- CMTS；
- Cable Modem；
- EOC 技术原理；
- EPON＋EOC 技术；
- EPON＋EOC 系统组建。

【理论知识】

5.1　HFC 宽带接入网概述

5.1.1　HFC 的起源与发展

HFC(Hybird Fiber Coax)即混合光纤同轴网络，它起源于广电有线电视网络。传统的有线电视是用高频电缆、光缆、微波等传输，并在一定的用户中进行分配和交换声音、图像及数据的电视系统，其

广电宽带接入技术概况

主要特点是以闭路传输方式把电视节目传送给千家万户。有线电视是从 20 世纪 70 年代的共用天线(MATV)发展起来的，最初是以同轴电缆为主要传输方式。80 年代后期，由于铜资源越来越紧缺，铜价不断上涨，铜缆越来越贵；而光纤、光设备不断降价，越来越便宜，"光进铜退"已成为发展趋势。随着光进铜退的发展趋势，光纤传输技术逐步引入有线电视网络，有线电视网已从全电缆网发展到以光缆作为干线，电缆作为分配网的 HFC 型有线电视网。另外，为适应时代的发展，HFC 网络承载的业务也由单一的模拟电视逐步增加了数字电视、宽带接入等多功能综合信息业务。HFC 网络在我国成为重要的现代基础信息网络。

5.1.2 HFC 系统的频谱划分

有线电视采用 RF 传输，我国有线电视的频谱规划如图 5-1 所示。上行频段为 5～65 MHz；模拟电视和数字电视频段为 50～550 MHz；下行频段采用 750～860 MHz。

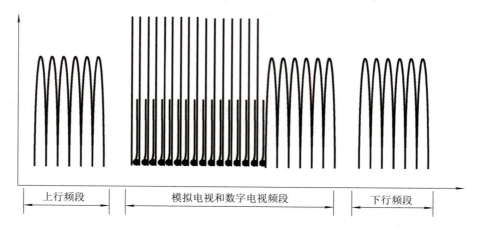

图 5-1 我国有线电视的频谱规划图

HFC 系统用于宽带接入时，其下行频率范围已从 50～750 MHz 扩展到 1000 MHz，上行频率范围为 5～42 MHz，频带划分如图 5-2 所示。典型的频率分配为：上行回传频率宽度为 37 MHz，频率范围为 5～42 MHz，再把 37 MHz 划分成不同的频段，用于不同的多媒体双向业务的上行回传信道，其中 5～8 MHz 用来传输状态监视信息，8～12 MHz 用来传输 VOD(视频点播)信令，15～40 MHz 用来传输电话信号。

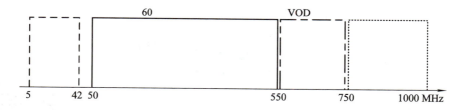

图 5-2 我国 HFC 的频带划分

42～50 MHz 为上、下行信道之间的隔离保护频段。

50～750 MHz(或 50～1000 MHz)频段为下行信道，用于不同的多媒体双向业务的下行信道。

50～550 MHz 用于传输现有的模拟有线电视信号，每个通路的频带宽度为 6～8 MHz，因而总共可以传输 60～80 路电视信号。

550～750 MHz 主要传输附加的模拟有线电视信号或数字有线电视信号，不过目前倾向于传输双向交互型通信业务，特别是 VOD 业务。如果采用 64QAM 调制方式和 MPEG-2 图像信号，那么大致可以传输约 200 路 VOD 信号。

高端的 750～1000 MHz 仅用于各种双向通信业务，如个人通信业务，其他未分配的频段可以有各种应用，并可用于分配将来可能出现的其他新业务。

根据以上划分方法，HFC 网络可以传输 60 个频道的模拟电视、200 多个频道的数字电视，同时还可进行电话、视频点播、数据业务等。

　　这里补充说明一下：700 MHz 频段是传统的广播电视系统频段。根据国家通信发展的需要，2020 年 4 月，国家调整 700 MHz 频段频率的使用规划，将其用于 5G 通信，我国的 5G 发展因此获得了宝贵的低频段频谱资源，并形成了高、中、低频段协同发展的局面。调整后的 700 MHz 频段频率使用规划与国际主流方案相兼容，有利于共享全球产业基础。2020 年 5 月，中国移动与中国广电达成 5G 共建共享合作协议，利用 700 MHz 频段传输 5G 移动通信。700 MHz 一直被视为"黄金频段"，虽然容量不大，但是作为低频段，其具备传播损耗低、覆盖面广、穿透力强、组网成本低等优势，且这些优势在 5G 时代显得尤为突出。

5.2　HFC 的网络结构

5.2.1　传统的 CATV 网络结构

　　传统的有线电视通常由前端系统、干线传输系统、信号分配系统组成。一般采用树型拓扑结构，利用同轴电缆将 CATV 信号分配给各个用户。信号源从有线电视前端出来后不断分级展开，最后到达用户终端。图 5-3 所示是一个传统的单向业务同轴电缆 CATV 网络结构示意图。

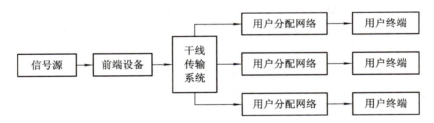

图 5-3　传统的单向业务 CATV 网络结构示意图

　　干线传输系统利用干线放大器的中继放大，可以传输较远的距离到居民较集中的地区，然后使用分配器从主干网分出信号并进入分配网络。分配网络再用延长放大器将信号放大，最后从分支器送到用户终端。而且，这种树型网络还会随居民分布情况的不同，分出更多的层次。

5.2.2　单向 HFC 网络结构

　　HFC 网络是在传统有线电视的基础上发展起来的。单向 HFC 网络系统仍然可看作由前端、干线、信号分配系统三大部分组成，但干线主要为光纤传输系统，如图 5-4 所示。

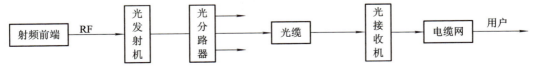

图 5-4　单向 HFC 网络系统

系统的前端主要负责收集来自卫星、无线广播及微波等传送的电视信号,并进行信号处理。前端需要的主要设备有卫星接收机、调制解调器、混合器等。

干线主要采用光传输系统,由光发射机、光分路器、光缆、光接收机等组成。

信号分配系统采用光纤或同轴电缆将信号传送到小区后,需要再进行分配,以便小区中各用户都能以合适的接收功率收看电视。从干线末端放大器或光接收机到用户终端盒的网络就是用户分配网,是由分支分配器串接起来的一个网络用户分配网。

传统树型 HFC 网络系统的最大优点是技术成熟、成本低、适用于单向广播型电视信号的传送。但其主要局限性在于业务单一,只能进行视频的传输以及下行通信,不能双向交互,并且网络结构脆弱,只要有一个地方或设备故障,就可能导致众多用户中断。传统的 HFC 网络结构已不能满足现代业务(交互式、综合业务)的要求,双向改造势在必行。

5.2.3 双向 HFC 网络结构

目前,基于 HFC 的双向宽带接入主流方案主要有以下几种:一是基于 CMTS+CM 方案;二是 PON+LAN 方案;三是 PON+EOC 方案。

1. CMTS+CM 方案

CMTS+CM 方案是基于 HFC 网络最传统的方案。在有线电视前端,CMTS(Cable Modem Terminal Systems)是管理控制 Cable Modem(CM,电缆调制/解调器或线缆调制/解调器)的设备。CMTS 作为前端路由器/交换集线器和 CATV 网络之间的连接设备,上连城域网,下连反向光接收机。下行方向,CMTS 完成数据到射频 RF 的转换,并与有线电视的视频信号混合后,送入 HFC 网络中。在用户终端放置的 CM 连接 HFC 电缆与数据终端,用于 RF 信号与数据信号的解调与调制。在上行方向,CM 从计算机接收数据包,把它们转换成模拟信号,传给网络前端设备。该设备负责分离出数据信号,把信号转换为数据包,并传给因特网服务器。同时该设备还可以剥离出语音(电话)信号并传给交换机。CMTS+CM 方案的系统如图 5-5 所示。

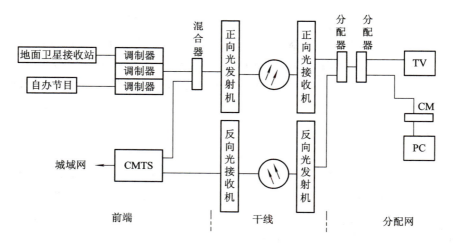

图 5-5　CMTS+CM 方案的系统

CMTS+CM 方案高度集中，除了分前端的 CMTS 和用户端的 CM 以外，没有其他有源的数据网设备，因此管理、维护比较方便。CMTS 时间成本低是其优势，只要布置了 CMTS，就可以随时开通用户。另外，CMTS 网络覆盖范围大，如从宽带接入业务考虑，CMTS 可以分期投资，逐步扩充。CM 的标准化、成熟度也较为成熟。DOCSIS 标准的带宽利用率最高，能达到的吞吐量也最高。DOCSIS 3.0 采用频道捆绑技术，可以大大提高速率，甚至达到下行 1 Gb/s、上行 500 Mb/s 的水平，这是目前所有其他铜缆接入技术无法达到的。在同轴电缆占 HFC 网络中较大比例的时代，CMTS 几乎是基于同轴电缆的唯一可选的双向改造方案。

但 CM 方案的劣势也很明显。首先 CMTS 单位成本太高是这个方案的致命弱点。短期内如果只作宽带接入和上网，每个信道实际接入服务 200 户以下（覆盖 2000 户以下），由于共享和非同时应用，上网速率还可以达到 200 kb/s～2 Mb/s。如果作流媒体服务（IPTV、VOD 等现在流行的新业务），每个用户都需要长时间占用网络、大流量吞吐数据，每个信道只能服务 40 户以下，成本太高。除非 CMTS 能够降价 90% 以上才可能是一个性价比较高的方案。反向噪声汇聚也是一个工程和维护的难题，HFC 网络反向设计和施工工艺的控制在我国大部分地区（特别是中、小城市）的实施也还存在一定难度，且维护和运行故障排除需要的技术支撑，这在我国大部分地区短期内也难妥善解决。

从全球范围来看，CMTS 只在北美地区占据了较多的宽带接入市场份额，这一方面与美国政府对有线网络运营商经营多业务的支持有关，另一方面也与北美分散的居住条件有关，但近两年市场占有率也有下降的趋势。国内目前没有 CMTS 厂家，设备主要依靠进口，此方案国产化难度较大。

2. PON+LAN 方案

PON(Passive Optical Network)即无源光网络，是一种纯介质网络。无源光网络技术是为了支持点到多点应用发展起来的光接入系统。局域网(LAN)是指在某一区域内由多台计算机互联而成的计算机组。PON+LAN 是我国目前局域网中的有线接入方案。PON+LAN 方案理论上是成本最低的方案。其数据部分和电视传输部分在物理上是分开的，采用不同的设备、不同的线缆，实际上就是在原有的电视传输系统之上另建了一个双向系统，如图 5-6 所示。

大多数 OLT 本身是一种三层加二层的技术。LAN 使用的 SW 是纯二层的用户设备。一般使用这种方案时，PON 本身完成 QINQ(二层的 VLAN)上行的生成和下行的剥离，而 SW、LAN 层的作用只是对于上行构造和下行去除第一层 VID 即 VLAN 标识。在这种方式中，数字信号在五类线上没有调制/解调环节，如果不考虑重新布线，性价比肯定是最高的。其优势是运营商不承担用户终端的投入，网络升级改造方便；入户带宽高，每户最高可以达到 100～1000 Mb/s；可扩充性好，可以承载全业务运营；采用外交互方式，不占用同轴电缆的频率资源；光传输采用 EPON 技术，传输链路中没有有源设备，维护方便；双网同时运营，单网故障相互不影响。目前的 LAN 产品异常丰富，价格也非常低；EPON 产品支持厂家众多，相关产品兼容性好，价格也在大幅降低。

该方案的问题是时间成本和隐性成本太高。由于需要重新布线，施工量及施工难度都较大，常常需要很长的协调和施工时间，导致客户不满，甚至流失；为了解决这一问题而进

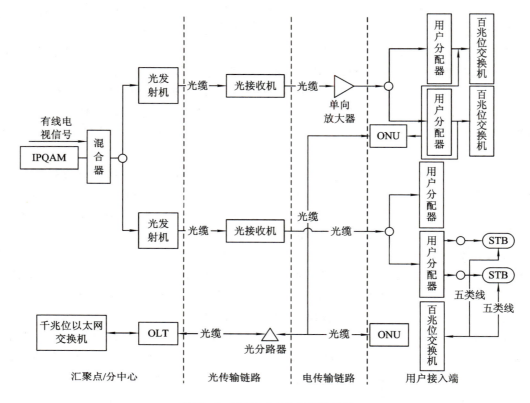

图 5-6 PON+LAN 方案的系统

行的大规模布线,又会导致另一个缺陷,即用户开通率低时成本过高,且双网分开运营,对维护人员素质要求高,而开通率低恰恰是广电行业从事宽带接入服务的普遍现象。此外,楼道交换机端口无避雷功能,导致网络可靠性低。

3. PON+EOC 方案

在 PON 部分,数据和电视物理分开,通过 EOC 头端混合(不同频率)经同轴电缆入户。在光部分,数据和电视是分开的,可以采用不同的波长来实现。

随着光纤到楼、PON 技术的成熟和产品价格的下降,这种接入方案在广电网络改造中受到越来越大的关注。同轴电缆是广电入户最普及的方式。基于同轴电缆高达 1G 的丰富带宽资源,通过同轴电缆进行宽带接入,可行性非常高。因此,目前广电双向宽带接入网将 PON+EOC 技术模式作为主流模式,如图 5-7 所示。PON+EOC 方案与其他方案比较,无论从成本、性能、可靠性,还是维护管理等方面都具有优势。由于 PON 在 OLT 和 ONU 之间是无源光网,光分路器只是增加一些熔接点,因此可靠性非常高。在维护管理方面,由于 PON 中间不需要机房、电源,没有活动接头,因此基本是免维护的,OLT 和 ONU 都是可管理的,而且目前已经可以做到芯片及系统互联互通。

在 PON+EOC 方案中,PON-OLT 利用分前端光纤到园区机房光分路器,光分路器分光后接入各个 ONU,然后以 EOC 方式下行。EOC 合成器部署在小区楼道,将 CATV 信号和数据信号进行合成,通过原有的 HFC 线缆传送到用户侧。在用户端,通过 EOC 终端分

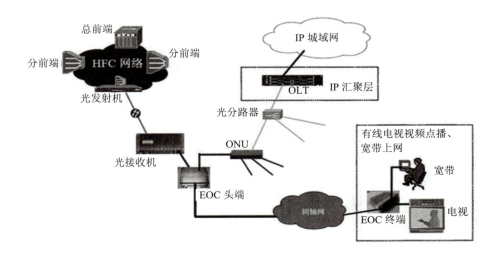

图 5 - 7　PON＋EOC 方案

离出 CATV 信号和数据信号，用户数字电视点播信号通过 EOC 方式上行。

5.3　EOC 技术

5.3.1　EOC 技术概述

EOC 技术原理

　　EOC(Ethernet Over Coax)是以太网信号在同轴电缆上的一种传输技术。根据早期区分习惯，EOC 技术分为无源 EOC 和有源 EOC。无源 EOC 是指原以太网络信号在同轴电缆上传输，帧格式没有改变。有源 EOC 是指近来涌现出很多的技术和解决方案，将以太网络信号经过调制解调等复杂处理后通过同轴电缆传输，虽然也称为"Ethernet Over Coax"，但是与原始所述的内容已经有了很大的差别。

5.3.2　EOC 的工作原理

1. 无源 EOC 工作原理

　　无源 EOC 是一种基于同轴电缆的以太网信号传输技术。其原有的以太网信号的帧格式没有改变，改变的是，双绞线上的双极性（差分）信号转换成为适合同轴电缆传输的单极性信号。在有线电视网络中，根据频谱分配的有线电视信号在 111～860 MHz 频率传输，基带数据信号在 1～20 MHz 频率传输的特性，可以使两者在一根同轴电缆中传输而互不影响。将电视信号与数据信号通过合路器，利用有线电视网送至用户端。在用户端，通过分离器将电视信号与数据信号分离开来，接入相应的终端设备。基带 EOC 技术原理如图 5 - 8 所示，主要由二四变换、高/低通滤波两部分实现。由于采用基带传输，无须调制解调技术，楼道端、用户端设备均是无源设备。通常，以太网技术是收发两对线，而同轴电缆在逻辑上只相当于一对线，所以在无源滤波器中需要进行四线到两线的转换，如图 5 - 9 所示。

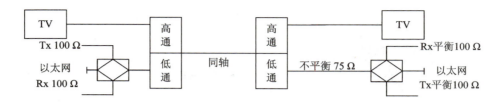

图 5 - 8　基带 EOC 技术原理

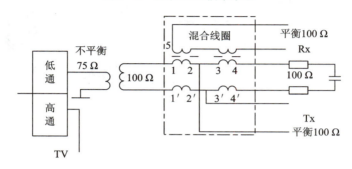

图 5 - 9　无源滤波器中二四变换原理

　　基带 EOC 技术适用于星型结构的无源分配同轴网,其带宽大,每户可独享 10 Mb/s,能有效地解决楼内重新敷设五类线的困难。该系统稳定可靠,维护量小,但容易形成自环问题。所谓自环,指基带 EOC 技术采用一根同轴电缆进行数据收发,当链路空载时,很容易形成环路。这就要求上联交换机要具备环路检测能力。另外,无源基带产品对传输距离有一定要求,最大传输距离一般小于 100 m,这主要是受五类线传输距离所限。

2. 有源 EOC 工作原理

　　有源 EOC 的基本原理是将以太网数据信号 IP DATA 和有线电视信号 Tv RF 采用频分复用技术,在同一根同轴电缆中进行频率分割,然后根据不同的产品可选择低频或者高频来传输以太网数据信号,在有线电视频段(50~860 MHz)仍然传送有线电视信号。设备分头端(或局端)和终端。头端将 ONU 输出的以太网数据信号对射频载波(该射频载波的频率与有线电视频谱不重叠)进行调制,已调制的射频载波与有线电视射频信号在 EOC 头端频分复用后,输入同轴分配网传输到用户。用户的上传数据信号在 EOC 的用户端设备 EOC-MODEM 对上行射频载波进行调制后,通过同轴分配网上传到有源 EOC 的头端,在此解调为数据信号输出到 ONU。

　　典型有源 EOC 的工作原理如图 5 - 10 所示,CCO 为头端设备,STA 为终端设备。每当 STA 上电后,STA 会搜索 CCO,并在 CCO 上注册自己的 MAC 地址。同时,CCO 给每一个 STA 分配一个唯一的终端设备标识(TEI)。在下行方向,数据以时分复用技术(TDM)从 CCO 广播到各个 STA。当数据信号到达 STA 时,STA 根据 TEI 在物理层上做判断,接收给它自己的数据帧,摒弃那些给其他 STA 的数据帧。如图 5 - 10 中 STA1 收到包 1、2、3,但是它仅仅发送包 1 给终端用户 1,摒弃包 2 和包 3。上行方向采用时分多址接入技术(TDMA)和载波检测多路复用(CSMA)技术传输上行流量。

　　由于不同生产厂家采用的技术不同,现有的有源 EOC 有多种产品,目前主要有

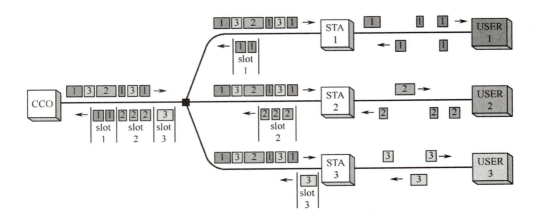

图 5 - 10　典型有源 EOC 的工作原理

HomePlug、HomePNA、Wi-Fi、MoCA 等标准体系。现将这些方案简述如下。

（1）HomePlug（家庭插电联盟）。HomePlug 是由电力线通信技术领域的权威国际机构——家庭插电联盟制定的，包括 HomePlug 1.0、HomePlug 1.0-Turbo、HomePlug AV、HomePlug BPL、HomePlug Command&Control 等多个协议。该标准工作在低频段，分为两个频段：2～30 MHz 与 34～62 MHz。每个频段使用 917 个子载波，每个子载波单独进行 BPSK、QPSK、8QAM、16QAM、64QAM、256QAM 和调制。HomePlug 采用 Turbo FEC 纠错，物理层速率达到 200 Mb/s，净荷 150 Mb/s，实际吞吐量为 100 Mb/s。由于该标准产品应用时使用低频段，回传信号会受汇聚噪声的影响。

（2）HomePNA（家庭电话线网络联盟）。HomePNA 是 Home Phoneline Network Allinace 的简称，该组织于 1998 年成立，致力于协调采用统一标准，统一电话线网络的标准，其标准于 2005 年 5 月被国际电联（ITU-T）接受成为国际标准（G.9954）。HomePNA 采用 QAM/FDQAM 调制方式，由于 FDQAM 增加了信噪比边界，因此有较好的抗扰性。目前 HomePNA 系统主要工作在三个频段：4～21 MHz，12～28 MHz，36～52 MHz。HomePNA 3.0 的传输距离为 300 m（最大电平衰减为 -61 dBm），提供最大带宽 128 Mb/s。HomePNA3.1 调制带宽将提高到 160～320 Mb/s。

（3）Wi-Fi（Wireless Fidelity）。将 Wi-Fi（IEEE 802.11 系列无线局域网）的技术成熟、接入便捷与同轴电缆的高带宽相结合，便产生了同轴 WiFi 技术。它将 Wi-Fi 的 2.4 GHz 射频信号经阻抗变换后，送入同轴电缆传输，接入端既可使用专用的接收设备，也可使用市场上普遍销售的 802.11 系列无线网卡。无线网卡接收既可以使用无线方式，也可使用同轴电缆有线连接。Wi-Fi 技术采用 802.11g 标准，物理层速率可达 54 Mb/s，实际吞吐量可达 22 Mb/s。

（4）MoCA（同轴电缆多媒体联盟）。MoCA（Multimedia over Coax Alliance）成立于 2004 年 1 月，创立者为 Cisco、Comcast、EchoStar、Entropic、Motorola 和 Toshiba。MoCA 希望能够以同轴电缆（Coax）来提供多媒体视频信息传递的途径，利用 Entropic 技术（c-link）作为 MoCA 1.0 规范的依据。2007 年年底，MoCA 联盟批准通过了 MoCA1.1，把有效数据传输速率提高到了 175 Mb/s，为多媒体业务提供更好的 QoS。

上述主要 EOC 技术的比较如表 5 - 1 所示。

表 5 - 1　主要 EOC 技术比较

比较项目	HomePNA	Wi-Fi	HomePlug	MoCA/c-link	无源 EOC
通信方式	半双工	半双工	半双工	半双工	全双工/半双二
标准化	ITU G.9954	802.11/g/n	HomePlug AV	MoCA1.0	802.3
调制方式	FDQAM/QAM	OFDM/BPSK	OFDM/子载波 QAM	OFDM/子载波 QAM	基带 Manchester 编码
	—	QPSK,QAM	自适应	自适应	
占用频段	4~28 MHz	2400 MHz 或变频	2~28 MHz	800~1500 MHz	0.5~25 MHz
信道带宽	24 MHz	20/40 MHz	26 MHz	50 MHz	25 MHz
可用信道	1	13	1	15	1
物理层速率 /(Mb/s)	128 共享	54/108 共享	200 共享	270 共享	10 独享
MAC 层速率 /(Mb/s)	80 共享	25 共享	100 共享	135 共享	9.6 独享
MAC 层协议	CSMA/CA	CSMA/CA	CSMA/CA TDMA	CSMA/CA TDMA	CSMA/CD
客户端数量	16 或 32/64	32 左右	16 或 32	31	不受限制/由交换端口数确定
QoS	HPNA	Wi-Fi	QoS mapped to	8 个 802.1d 优先级	802.1d Annex
	3RQoS+GQoS	WME (多媒体扩展)	802.1d AnnexH.2	映射到 2 个或 3 个优先级	H.2
时延	<30 ms	<30 ms	<30 ms	<5 ms	<1 ms
备注	1. 速率与接入节点数成反比,节点越多,性能越低; 2. 只有 1 家芯片厂,风险较大	1. 技术成熟度高,后续发展快; 2. 频率高、损耗大,降低了速率	1. 速率与接入节点数成反比,节点越多,性能越低; 2. 支持的芯片厂家较多	1. 较新的技术,在 VLAN 和 QoS 等很多方面待完善; 2. 速率与接入节点数成反比,节点越多,速率越低; 3. 频率高、损耗大,降低了速率	1. 速率恒定; 2. 无源可靠性极高; 3. 利用最完善和成熟的 Ethernet 技术,有保障

【实训指导】

5.4　EPON＋EOC 组网设计

5.4.1　EPON＋EOC 技术原理

EOC 组网设计

广电网络经过长期持续发展，用户覆盖范围不断扩大，大型的广电网络支持着数百万甚至上千万有线电视用户的业务。为实现如此庞大的用户业务的接入，一方面广电网络城域环网和汇聚层网络不断完善，另一方面分前端不断下移，靠近用户，光纤及管道资源不断增加。为了充分利用这些广电网络资源，在国家"三网融合"政策的大力支持下，多数广电网络公司采用 EPON＋EOC 方案建设光纤接入宽带网络，为开展宽带业务和广电增值业务提供了良好的网络条件。

EPON＋EOC 方案的信号流程如图 5-11 所示。广电前端输出的 CATV 信号通过原 HFC 有线电视线路连接 EOC 头端的射频输入端，IP 网络信号则通过 OLT 的 EPON 系统，再通过 ONU 与 EOC 头端的网络接口连接。EOC 头端输出的信号在同轴电缆中传输，然后在 EOC 终端解调分离出数据信号和电视信号，分别送至 PC 和 TV，实现不同的业务。

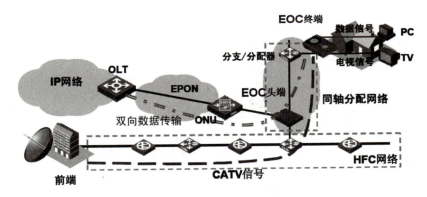

图 5-11　EPON＋EOC 方案的信号流程

5.4.2　总体框架设计

广电综合业务信息网络常采用 EPON＋EOC 方式，这是广电系"三网融合"的解决方案。典型 EPON＋EOC 解决方案如图 5-12 所示。

5.4.3　中心机房设计

中心机房的设计要根据系统承载的业务需求进行全面设计。数字电视业务通常采用 1550 nm 光传输；IP 互动电视系统、Internet、NGN 等不同数据网络业务或管理功能的服务器通过以太网交换机与 OLT 连接；光发射机与 OLT 通过 WDM 或光分路器连接 ODN。典型中心机房设计组网方案如图 5-13 所示。

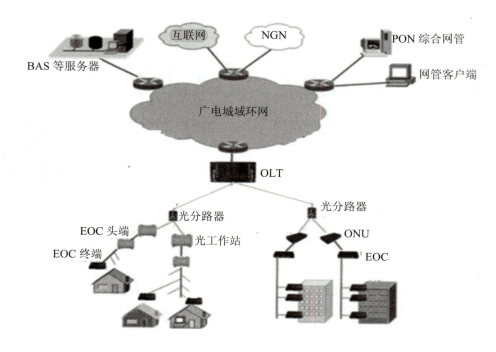

图 5 - 12 典型 EPON＋EOC 解决方案

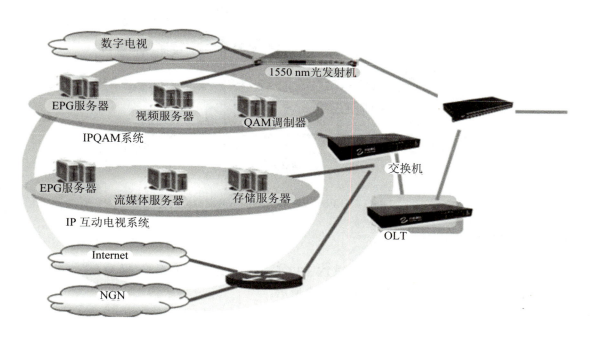

图 5 - 13 典型中心机房设计组网

假设系统设计方案按照每户两路高清 IPTV、两路高速上网业务进行考虑,标清节目 100 套,高清节目 10 套。各业务上、下行带宽需求及并发比如表 5 - 2 所示。

表 5 – 2　各业务带宽需求及并发比

业务类型	提供节目	下行带宽	上行带宽	所需带宽	并发比
标清电视	100 套	2~3 Mb/s	50 kb/s	100×3 M＝300 M	100％组播
高清电视	10 套	6~10 Mb/s	50 kb/s	10×10 M＝100 M	100％组播
高清点播 1	多个节目源	1 M	2 M	10 M	30％
高清点播 2	多个节目源	1 M	2 M	20 M	30％
高速上网 1	——	2~6 Mb/s	512 kb/s~1 Mb/s	4 M	33％
高速上网 2	——	2~6 Mb/s	512 kb/s~1 Mb/s	8 M	33％
IP 语音	2 路	100 kb/s	100 kb/s	200 k	100％

设 n 为单个 PON 口接入的宽带用户数，各业务所需要的带宽如下：

（1）直播用户数大于频道数：300 M（100 套标清）＋100 M（10 套高清）；

（2）点播：$n×10\ M×30％×60％＋n×20\ M×30％×40％$，家庭一台电视高清点播带宽需求占 60％，两台高清点播带宽需求占 40％；

（3）高速上网：$n×4\ M×33％×80％＋n×8\ M×33％×20％$，家庭一台 PC 上网带宽需求占 80％，两台 PC 上网带宽需求占 20％；

（4）VoIP 语音：$n×220\ k$。

为保证各业务所需的服务质量，假设 EPON 带宽为 950 M，考虑到 EPON 系统开销，整个带宽需要满足：$300\ M＋100\ M＋n×10\ M×30％×60％＋n×20\ M×30％×40％＋n×4\ M×33％×80％＋n×8\ M×33％×20％＋n×220\ k≤950\ M$，结果为 $n≤95$。

所以本方案采用 1：32 分光比，远小于 PON 口的用户数量，能在很长一段时间内满足用户带宽需求。

按 1：32 分光比，每个 PON 口下的业务带宽为：$300\ M＋100\ M＋32×10\ M×30％×60％＋32×20\ M×30％×40％＋32×4\ M×33％×80％＋32×8\ M×33％×20％＋32×220\ k＝586\ M$。考虑到组播协议与上联接口有一定带宽的冗余，所以上联接口和 PON 接口按照 1：2 比例规划。

根据市场上不同的 OLT 设备进行选配。假设一台 OLT 设备可插 16 块 PON 板，每个 PON 板有 8 个 PON 口，每个 PON 口可带 32 个用户（分光比为 1：32），则一台 OLT 可带用户数为 $16×8×32＝4096$ 户。每个 PON 口带宽为 1000 Mb/s，则每户平均带宽约为 $1000÷32＝31.25\ Mb/s$。假设该地区并发比为 50％，每户带宽可达 60 Mb/s，则在机房部署一台 OLT 即可基本满足布网需求。

5.4.4　EPON＋EOC 组网模式设计

1. EPON 组网模式

EPON 组网模式上可采用单纤或双纤两种模式。单纤模式是在光纤资源紧张的情况下，先在前端通过 WDM 合成，再在光节点进行解复用，如图 5 – 14 所示。双纤模式采用两根光纤分别传输数字电视信号和网络信号，如图 5 – 15 所示。

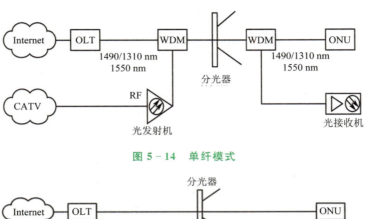

图 5 - 14　单纤模式

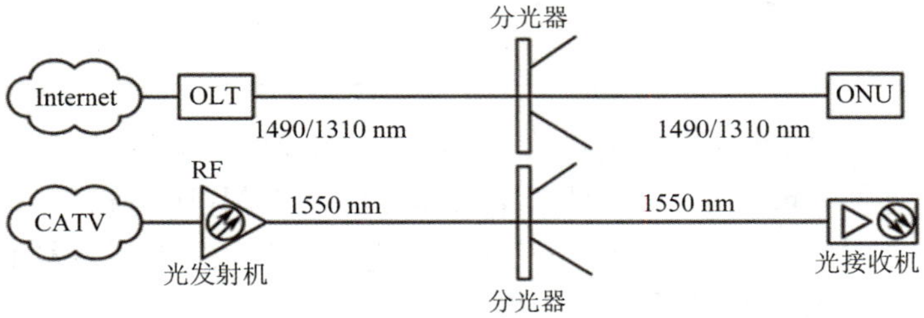

图 5 - 15　双纤模式

2. EPON＋EOC 组网模式

EPON＋EOC 组网模式可以把异构网络传输的 IP、VoIP、IPTV、CATV 等多种业务集于一根同轴电缆上,是目前广电宽带接入网的主流模式。EPON＋EOC 组网设计思路主要是根据不同的 EOC 产品特点,结合 EPON 网络结构进行统一部署。

EPON 根据 ONU 位置的不同有不同的网络结构,如 FTTC(Fiber to The Curb,光纤到路边)、FTTB(Fiber to The Building,光纤到楼)、FTTH(Fiber to The Home,光纤到户)等模式,典型网络结构如图 5 - 16 所示。EPON＋EOC 组网主要结合 EPON 的 FTTC 和 FTTB 建设模式。

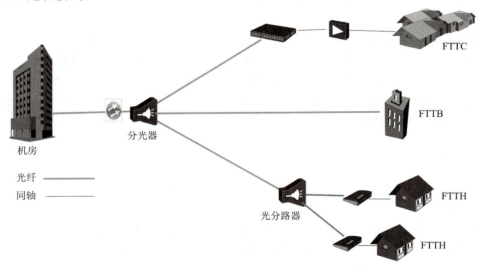

图 5 - 16　EPON 典型网络结构

　　EPON＋EOC 组网采用的 FTTC 模式适用于建设初期的小区（用户密度较低）。EPON 网络中 OLT 既可以部署在网络机房，也可部署在小区；局端 EOC 与 ONU 都部署在小区交接箱中，用户侧线路较长的要用到 CATV 放大器，采用 EOC 桥接器跨接放大器。EOC 终端安装在用户家中，如图 5 - 17 所示。

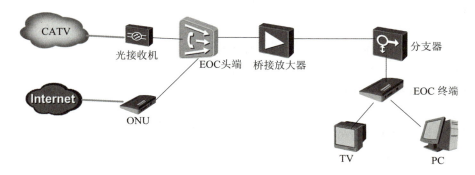

图 5 - 17　EPON＋EOC 组网采用的 FTTC 模式

　　EPON＋EOC 组网采用的 FTTB 模式适用于小区用户密度较高、业务带宽需求较大、FTTC 模式无法满足的情况下。采用 FTTB 方案时，将 ONU 下移至楼道交接箱，EOC 头端也将移至楼道交接箱中。这种情况下已无须 CATV 放大器，EOC 也就不需要桥接器了。EOC 终端还是在用户家中，通常与数字电视机顶盒功能集成在一起，如图 5 - 18 所示。

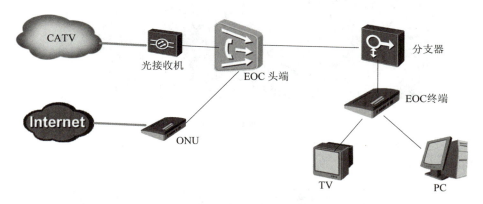

图 5 - 18　EPON＋EOC 组网采用的 FTTB 模式

5.4.5　线路技术指标设计计算

1. EPON 光链路设计计算

　　以 C200/C220 为例，OLT 光功率范围如下：接收光功率为 $-27\sim-6$ dBm (1310 nm)，发送光功率为 $+2\sim+7$ dBm(1490 nm)。ONU 的光功率范围如下：发送光功率为 $-1\sim+4$ dBm (1310 nm)，接收光功率为 $-24\sim-8$ dBm(1490 nm)。

　　（1）距离较远时，可采用 1∶16 分光器，最大可传送 20 km；采用 1∶32 分光器，最大可传输 10 km。

　　（2）距离较近，但用户规模较大时，需要选择大容量 OLT 设备并采用 1∶64 分光比的 ODN。

2. EOC 电平的计算

EOC 系统电平设计的原则是：要保证每个用户的数据信号电平低于电视信号电平 10 dB，保证每个用户数据的 CNR≥25.5 dB。采用树型分配网时，应仔细设计和调试送入无源同轴分配网的数据调制信号电平，特别是要对串接式分支分配无源同轴分配网进行损耗均衡。如果采用星型分配网，由于上、下行对称，不需要进行损耗均衡。但是，仍然需要对上、下行电平进行仔细设计和调试，即保证下行数据调制电平低于电视信号电平 10 dB。

对于工作在低频段的 EOC 产品，现举例说明。

假设有树型分配网分别采用损耗为 27 dB、20 dB、14 dB 和 4 dB 的分支或分配器组建网络，对于电视信号仅考虑下行传输。下行电视信号(按 860 MHz 设计)计算如图 5 - 19 所示，A 点输出 97 dBμV，则 B、C、D、E 各点电平计算如下：

A	97 dBμV
B	97−27(27 为分支损耗)＝70 dBμV
C	97−5−20＝72 dB μV
D	97−5−7−14＝71 dBμV
E	97−5−7−11−4＝70 dBμV

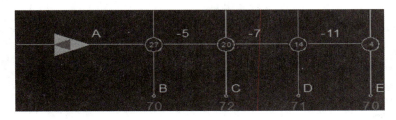

图 5 - 19　下行电视信号电平计算举例图

数据信号要考虑上、下行两个方向。对于用户端，假设上行数据调制信号输出电平都是 90 dBμV，如图 5 - 20 所示。

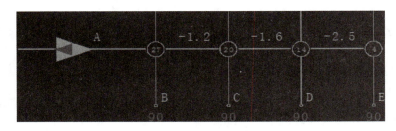

图 5 - 20　上行数据调制信号电平

下行数据调制信号电平(按 65 MHz 设计)各点电平计算如下：

A	87 dBμV(数据信号电平比电视信号电平低 10 dB)
B	87−27(27 为分支损耗)＝60 dBμV
C	87−1.2−20＝65.8 dBμV
D	87−1.2−1.6−14＝70.2 dBμV

E　　　　　　　　$87-1.2-1.6-2.5-4=77.7 \text{ dB}\mu\text{V}$

由于 B、C、D、E 各点下行数据电平相差较大，相互会产生干扰而影响数据传输，因此，必须对串接式分支分配无源同轴分配网进行损耗均衡，采取的方案如图 5-21 所示，即分别在 E、D、C 点前加上 20 dB、12 dB、6 dB 的均衡器，即可使电平都在 57～60 dBμV 范围内。

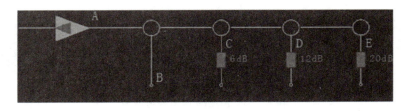

图 5-21　下行数据电平损耗均衡

5.5　EPON＋EOC 设备安装

5.5.1　EPON 设备安装

EPON 设备的安装包括 OLT 和 ONU 的安装，可参阅本书项目 3 相关章节。这里重点介绍 EOC 设备的安装与调试。

EOC 设备安装

5.5.2　EOC 局端设备安装

EPON 的 ONU、CATV 的光接收机通常与 EOC 的局端设备安装在一起。一些厂家会将三种设备组合在一个工作站中。EOC 的终端设备可以是独立设备，也可以与数字电视机顶盒集成在一起，如图 5-22 所示。

图 5-22　各种 EOC 设备

EOC 局端设备安装前要认真观看图纸,确定光节点的位置,以及每个光节点覆盖的范围。应根据光机的输出能力和用户规模确定 EOC 设备的型号和数量。

局端设备一般安装在楼栋或者光机箱处,设备连接方法如图 5-23 所示。

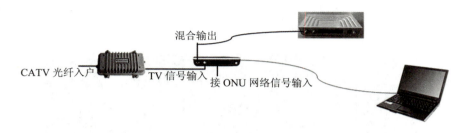

混合输出

CATV 光纤入户　　　TV 信号输入　接 ONU 网络信号输入

图 5-23　EOC 局端设备连接图

1. CATV 信号输入

CATV 信号输入将上级放大器或光接收机接收到的 RF 信号插入接口即可。若为 60 V 供电方式的头端,信号输出口附近插片控制与是否通过光机供电有关,若是通过信号随缆供电方式,则插上;反之,则拔掉。

2. 网络信号输入

如果上联设备为以太网 RJ-45 端口,则将以太网线连接到 RJ-45 端口,插入 RJ-45 接头时,以接头"咔嗒"一声确认接头插入正确位置。如果 ONU 上连光纤,将尾纤与分光器连接起来,或将跳纤与设备尾纤通过熔纤方式连接,为 EOC 设备提供上行 IP 数据通道。

3. 混合信号输出

将 EOC 头端设备连接到下行同轴电缆分配网。将线缆的一端连接到下行同轴电缆分配网,应确保使用标准的公制 F 头的线缆;将线缆的另一端连接到设备的 TV/IP 端口上,在插入接头时,拧紧接头以确认接头插入正确位置并紧密连接。若为 60 V 供电方式的头端,混合信号输出口附近的插片可控制出口的信号是否过流,若下级有放大器或其他有源设备,则插上,否则要拔掉。

4. 电源连接

所有接口连接确认后,方可给头端设备供电。EOC 头端设备供电电压可选 220 V 与 60 V。

5.5.3　EOC 终端设备安装

EOC 终端设备或用户端设备连接如图 5-24 所示,主要包括:
(1) 网络接口连接。
(2) CABLE 端口连接。
(3) TV 端口连接。
(4) 电源连接。

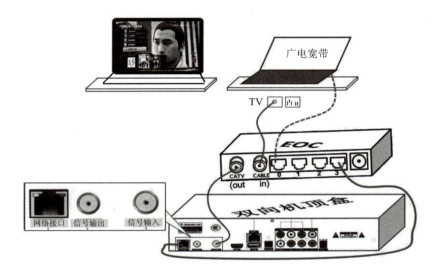

图 5–24　EOC 终端设备的连接

5.6　EPON＋EOC 系统调试

5.6.1　EPON 设备配置环境的搭建

EOC 设备的配置

EPON 有两种配置维护方式：一是串口维护方式，二是网口维护方式。串口维护方式是维护终端通过串口连接与设备主控板的控制台通信，实现设备的操作和维护。网口维护方式又分带内模式（维护终端通过设备业务上行网口与设备主机通信）和带外模式（维护终端通过设备主控板的 ETH 网口与设备主机通信）。带内模式组网灵活，不用附加设备，节约用户成本；缺点是业务通道发生故障的时候，无法开展维护工作。带外模式能提供更可靠的设备管理通路，在被管设备故障时能及时定位网上设备信息，但需要另外提供设备组网，并提供与业务通道无关的维护通道。相关配置参阅本书项目 3。

5.6.2　EOC 配置

根据不同的设备，各厂家会给出不同的 EOC 配置方法，有基于命令行的配置，也有基于 Web 界面的配置。

1. EOC 配置准备

准备好局端设备的规划数据，如管理 IP、网关、管理 VLAN 等（见表 5–3），以及终端规划数据的端口、业务 VLAN 等信息（见表 5–4）。

表5-3　局端设备规划数据表

管理 VLAN	4000	备　　注
EOC 管理 IP	172.30.121.2～172.30.121.252	—
EOC 管理服务器	172.16.15.253	—
子网掩码	255.255.255.0	—
网关	172.30.121.1	—

表5-4　终端规划数据

终端端口	端口开关	业务	业务 VLAN
LAN1	开启	内网	1001～1500
LAN2	开启	宽带	2001～3000
LAN3	开启	互动	1900
LAN4	开启	预留	—

将局端通电,开启 IE 浏览器进入 EOC 局端管理界面。在浏览器中输入 EOC 设备的管理 IP 地址:http://192.168.1.5。在弹出的界面上,使用用户名 admin、密码 root 登录,如图5-25所示。

图5-25　EOC 局端管理界面

2. 运行状态

单击"确定"按钮后弹出运行状态界面,可以看见局端的软件版本、产品型号、MAC 地址、局端的运行时间等信息,如图5-26所示。

选中图5-26左上角的"在线 MODEM"选项后,能够显示局端下在线终端的信息,如终端的序号、MAC 地址、产品型号、软件版本、链损、上/下行物理带宽等,如图5-27所示。

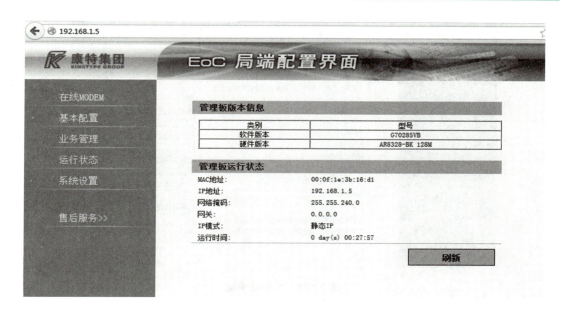

图 5 - 26　运行状态界面

图 5 - 27　"在线 MODEM"选项

3. 基本设置

EOC 的基本配置包括管理板设置和交换机设置。

（1）局端的 IP 地址、子网掩码、默认网关、管理 VLAN 类型、心跳包等的配置都为网络前期规划数据，如配有 Trap 服务器，需要勾选上"Trap 使能"选项，如图 5 - 28 所示。

（2）管理 VLAN 类型有透传模式和认证模式。选择透传模式-上联口将所有 VLAN 透传；选择认证模式-上联口只允许设定的 VLAN 通过，为 trunk 模式。管理 VLAN 不需要设置，默认允许通过。配置好之后点击下面的"保存"按钮，如果修改局端 IP 地址或者管理 VLAN 需要重启局端设置才能生效。如果设置为认证模式，需要设置管理 VLAN ID 才能生效，如果未设置管理 VLAN，认证模式自动变为透传模式，如图 5 - 29 所示。

（3）点击"交换机设置"，可以对相关参数进行修改。局端交换芯片老化时间默认为 300 s，修改范围为 300～600。

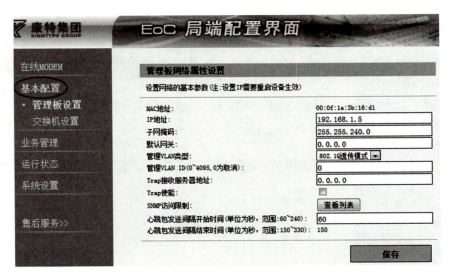

图 5 - 28 管理板设置

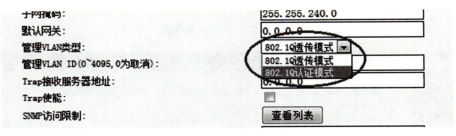

图 5 - 29 VLAN 类型

(4)下行风暴抑制默认为不抑制,最大抑制值为 16K,NA 为不抑制。建议开启风暴抑制,防止 ONU 等前端设备没有开启广播包抑制时而导致大量广播包下来影响用户业务,如图5 - 30 所示。

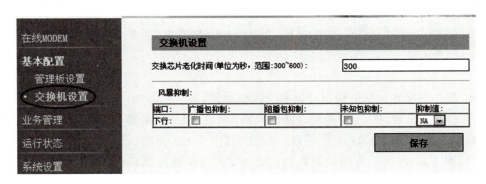

图 5 - 30 下行风暴抑制

4. 业务管理

(1)设备列表。该界面会显示目前已经添加到白名单中的终端设备配置信息,如图5 - 31 所示。

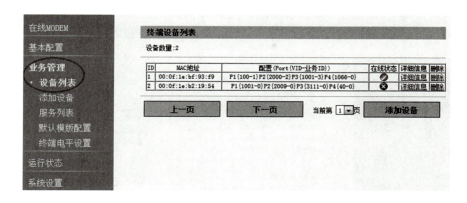

图 5-31　设备列表

（2）添加设备。点击"添加设备"选项，与图 5-31 设备列表中"添加设备"按钮的效果一样，填上所需信息后保存即可，如图 5-32 所示。

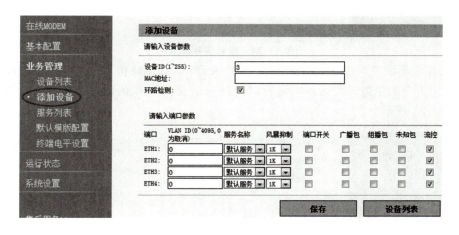

图 5-32　添加设备

（3）服务列表。此栏功能可以为终端设置需要的上、下行速率和服务优先级。系统中以服务来绑定上、下行带宽和优先级，终端端口通过绑定服务 ID 使用相应的服务，如图 5-33 所示。

图 5-33　服务列表

(4)默认模板配置。点击"默认模板配置"选项,可以配置默认服务优先级,默认上、下行速率,环路检测及终端端口业务。配置完成后点击"保存"按钮,如图 5-34 所示。

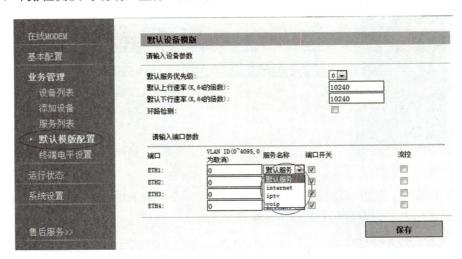

图 5-34 默认模板配置

(5)终端电平设置。点击"终端电平设置"选项,设置终端的输出电平,调节范围为 100~120,且必须为 5 的倍数。根据系统运行时电视与数据的设计值以及是否会相互影响来调节,如图 5-35 所示。

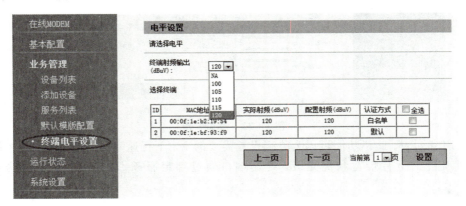

图 5-35 终端电平设置

5.6.3 EOC 开通调试

局端设备配置完成后,应进行功能测试。局部设备 CATV 输入端接入有线电视信号,数据端连接 ONU 或其他网络信号;输出端连接 EOC 终端设备,终端设备连接机顶盒或电视机,网络口连接计算机终端,依次检查各项目功能。

1. 模拟/数字电视节目测试

从 EOC 局端的 RF 端输入有线电视节目,终端能正常收看模拟/数字电视节目,图像质量正常。收看模拟/数字电视节目测试如表 5-5 所示。

表 5 - 5　模拟/数字电视节目测试表

测试项目	模拟/数字电视节目测试	时间	×年×月×日×时
环境要求（测试要求的软件、硬件、网络、数据等）：室温下、有线信号、电视机、以太服务器、PC、机顶盒			
操作：		结果：	
1. 开始/取消 VOD 点播功能		1. 可正常收看模拟/数字电视节目	
2. 更换频道		2. 可正常收看相应模拟/数字频道内容	
3. 图像质量		3. 图像质量没有任何变化	

2. Internet/服务器功能测试

EOC 局端上联口 UPLINK 接入通过 ONU 或其他网络接入设备的数据信号，终端连接 PC，PC 能 ping 通服务器 IP，能下载服务器测试文件，能接入 Internet。EOC 局端设备安装配置完毕时，终端设备也装调完成，就可根据设备状态指示灯初步判定局端和终端是否正常工作，然后检查表 5 - 6～表 5 - 10 中各功能测试项目。

表 5 - 6　VOD 点播测试表

测试项目	VOD 点播测试	时间	×年×月×日×时
操作：		结果：	
1. 按"点播"键进入点播窗口		1. 屏幕显示"正在进入，请等待…"	
2. 移动光标		2. 屏幕显示正常节目选择列表	
3. 选定节目按"播放"键		3. 电视显示正常播放点播的节目	

表 5 - 7　Internet/服务器功能测试表

测试项目	Internet/服务器功能测试	时间	×年×月×日×时
操作：		结果：	
1. 用户在 PC 上 ping 服务器 IP 地址		1. PC 能收到 reply 包，稳定后无丢包	
2. 用户在 PC 上远程访问服务器		2. PC 屏幕上显示权限内服务器相关内容	
3. 下载服务器测试文件		3. 服务器的测试文件被下载至 PC	
4. Internet 上网应用		4. 可正常上网浏览网页	

表 5 - 8　数据业务对模拟电视业务干扰测试表

测试项目	数据业务对模拟电视业务干扰测试	时间	×年×月×日×时
操作：		结果：	
1. 取消 VOD 点播功能		1. 电视上正常收看任意频道模拟电视节目文件	
2. 用户在 PC 上访问/下载服务器相关文件		2. 电视上播放节目不受影响，不产生噪波等不良现象	
3. 用户在 PC 上连接/断开网络连接		3. 电视上播放节目不受影响，不产生噪波等不良现象	

表 5 - 9   数据业务对数字电视业务干扰测试表

测试项目	数据业务对数字电视业务干扰测试	时间	×年×月×日×时
操作:		结果:	
1. 开始 VOD 点播节目		1. 电视上正常收看点播节目	
2. 用户在 PC 上访问/下载服务器相关文件		2. 电视上播放节目不受影响,不产生马赛克等不良现象	
3. 用户在 PC 上连接/断开网络连接		3. 电视上播放节目不受影响,不产生马赛克等不良现象	

表 5 - 10   电视业务对数据业务干扰测试表

测试项目	电视业务对数据业务干扰测试	时间	×年×月×日×时
环境要求(测试要求的软件、硬件、网络、数据等):室温下、有线信号、电视机、以太服务器、PC			
操作:		结果:	
1. PC 客户机续 ping 服务器 IP 地址		1. 正确收到服务器 reply 信息,稳定后无丢包	
2. VOD 点播与切换		2. 点播节目正常播放,PC 客户机上 ping 包无丢包现象	
3. 其他端口上拔插同轴电缆		3. 点播节目正常播放,无噪波等干扰问题;PC 客户机 ping 包正确并收到应答,无丢包	

3. 问题排查

在 EOC 安装调试过程中会遇到一些问题或现象,其原因和解决方法分析如下。

(1)用户家中安装 EOC 终端后,DATA 灯不亮。

EOC 终端的 DATA 灯不亮,可能原因之一是:用户面板处连接不紧密,从而造成了虚头连接,可检查用户面板与 EOC 终端连接;原因之二是:从 EOC 终端至 EOC 局端衰减值太大,超过了 EOC 终端的接收阈值,可检查此段线路,调整分支分配器配置。

(2)用户使用 EOC 终端后,数字电视有马赛克现象。

一般来说,数字电视有马赛克现象是 EOC 的数据射频信号影响了数字电视信号。造成此现象的原因一是:数字电视的输入电平太低,超过了终端的带外抑制,导致数据信号直接"入侵"数字电视造成其误码率增加。解决方法是在 TV 输出端口再增加一个高通滤波器以提高隔离度,不行的话则需要考虑提高信号输入电平。原因二是:用户家中的分支分配器不符合规格要求,或有"并线",导致数据信号通过家中入户的分支分配器"入侵"数字电视造成其误码率增加。解决方法是检查用户家中布线,更换用户家中的分支分配器。

(3)个别终端时常断线、速度很低、丢包严重,达不到带宽要求。

首先,确认该终端及在同一局端下的其他终端是否作了限速配置,由于网络结构上

EOC 属于共享带宽，当不作配置时，若其中有用户进行 BT 下载等，将严重影响其他用户的使用质量。其次，检查该终端至局端之间的衰减值是否达到或接近了允许的最大值。排查方法：首先理论上确认终端至局端之间的分支分配网络的衰减在 EOC 的正常工作范围内(低频衰减＜60 dB)。然后用场强仪分别在局端和终端处测试某频点的场强，二者相减得到链路上的实际衰减。比较测得的衰减值与理论计算值，如果测得的值大出理论值很多，如大于 10 dB，则检查中间的分支分配网络。还可用传统的排除法来找出故障点，一般是接头接触不良或分支分配器故障，这时可重新制作接头或调换分支分配器。

（4）单个局端下多个用户集体掉线。

首先检查局端工作状态，确保局端工作正常；再检查局端相关配置文件，确认配置文件正确。多个用户集体掉线现象可能源于网络噪声。通常网络噪音在 10 MHz 以下的频带不会影响 EOC 方案的使用，如果某些低频噪音恰好落入 EOC 工作频带就会导致 EOC 系统工作不稳定，因此首要任务是排查和处理噪声源。首先是定位噪音源，简单的方式是通过排除法逼近式定位。发生故障的时候，在 EOC 局端处断开，将局端 RF 输出端连接场强仪观察 EOC 工作频段的噪声，然后逐个断开输出支路，如果断开某支路时发现噪声消失，说明该噪音源产生于该支路。以此类推，用上述方法排查其下级分支分配网络，直至追查到产生噪音的某户家庭。排查到噪音源后，在噪音源接入处加一个高通滤波器以阻断低频噪音，再重新接入局端。此外，当单个局端下接入用户数太多时，因带宽限制，也会造成用户经常掉线现象。解决方法是增加局端数量，减少单一局端下所带的用户数。

思 考 与 练 习

5.1　CATV 网如何改造为可传数据网络？

5.2　HFC 有线电视网发展成为宽带高速综合信息网有哪些有利条件和不足？

5.3　HFC 网由哪几部分组成？

5.4　HFC 网频带是如何划分的？

5.5　简述 Cable Modem 的工作原理。

5.6　简述 EPON 的工作原理。

5.7　简述 EOC 的工作原理。

5.8　用 EPON＋EOC 搭建三网融合接入网，进行业务规划及设备配置。

项目 6　WLAN 宽带接入技术

【教学目标】

　　在了解无线接入网的基础上，掌握 WLAN 的基本概念、系统结构和技术原理。

　　掌握典型 AP、AC 的设备组网方法，能进行 WLAN 组网的业务配置。

【知识点与技能点】

- WLAN 的概念；
- WLAN 的协议标准；
- WLAN 的基本组成；
- WLAN 的工作原理；
- AP 的基本概念；
- AC 的基本概念；
- AP 与 AC 的通信过程；
- AP 的配置；
- AC＋AP 的配置；
- WLAN 组网。

【理论知识】

6.1　WLAN 接入技术概述

6.1.1　WLAN 的基本概念

　　通过无线方式实现连接的局域网称为无线局域网（WLAN，Wireless Local Area Network）。它利用无线技术实现了以太网的快速接入具有较强的组网灵活性。一个无线局域网可当作有线局域网的扩展来使用，也可直接代替有线局域网。

　　WLAN 使用 ISM(Industrial Scientific Medical)频段工作。ISM 频段主要开放给工业（902～928 MHz）、科学研究（2.420～2.483 GHz）和医疗（5.725～5.850 GHz）三个机构使用，最早由美国联邦通信委员会(FCC)所定义，现已经被 ITU-R(ITU Radiocommunication Sector，国际通信联盟无线电通信局)通过。此频段无须许可证，只需要遵守一定的发射功率（一般低于 1 W），并且不对其他频段造成干扰即可。ISM 频段在各国的规定并不统一，其中 2.4 GHz 和 5 GHz 是 WLAN 目前应用较多的频段。由于 2.4 GHz 为各国共同的 ISM

频段，因此无线局域网、蓝牙、ZigBee 等无线网络均可工作在 2.4 GHz 频段上，这也是信号容易产生干扰的主要原因之一。

6.1.2　WLAN 的特点

WLAN 具有如下优点。

（1）灵活性和移动性。在无线局域网中，网络设备的安放位置不受网络位置的限制，在无线信号覆盖区域内的任何一个位置都可以接入网络，同时，连接到无线局域网的用户可以移动且能与网络保持连接。

（2）安装便捷。无线局域网可以免去或最大程度地减少网络布线的工作量，一般只要安装一个或多个接入点设备，就可建立覆盖整个区域的局域网络。

（3）方便网络规划和调整。对于有线网络来说，办公地点或网络拓扑的改变通常意味着重新建网，而重新建网是一个费时、费力和琐碎的过程，无线局域网则可以避免或减少以上情况的发生。

（4）故障定位容易。对因线路故障而引起的有线网络中断，检修过程通常比较复杂。无线局域网则仅需更换故障设备即可恢复网络连接。

（5）易于扩展。无线局域网有多种配置方式，可以很快从只有几个用户的小型局域网扩展到拥有上千用户的大型网络，并且能够提供节点间"漫游"等有线网络无法实现的功能。

由于无线局域网具有以上诸多优点，因此其发展十分迅速。近年来，无线局域网已经在企业、医院、商店、工厂和学校等场合得到了广泛的应用。

无线局域网在给网络用户带来便捷和实用的同时，也存在着一些缺陷。无线局域网的不足之处体现在以下几个方面：

（1）性能。无线局域网是依靠无线电波进行传输的。这些电波通过无线发射装置发射，而建筑物、车辆、树木和其他障碍物都有可能阻碍电磁波的传输，所以网络性能会受到影响。

（2）速率。无线信道的传输速率与有线信道相比要低得多，适合于个人终端和小规模网络应用。

（3）安全性。由于无线信号是发散的，信号覆盖范围内的所有终端或节点都能监听到，在防范措施不到位的情况下，容易造成通信信息泄漏。

6.1.3　WLAN 的应用领域

WLAN 的应用领域主要有以下几个方面。

（1）移动办公的环境：大型企业、医院等移动工作的人员应用的环境。

（2）难以布线的环境：历史建筑、校园、工厂车间、城市建筑群、大型的仓库等不能布线或者难以布线的环境。

（3）频繁变化的环境：活动的办公室、零售商店、售票点、医院和野外勘测、试验、军事、公安、银行金融等环境，以及流动办公、网络结构经常变化或者临时组建的局域网。

（4）公共场所：航空公司、机场、货运公司、码头、会展中心和交易场所等。

（5）小型网络用户：办公室、家庭办公室（SOHU）用户。

6.2　WLAN 技术标准

6.2.1　WLAN 的协议栈模型

WLAN 是基于计算机网络与无线通信技术的，在计算机网络结构中，逻辑链路控制(LLC)层及其以上的各层，对不同的物理层的要求可以是相同的，也可以是不同的。因此，WLAN 标准主要针对物理层和介质访问控制(MAC)层，涉及所使用的无线频率范围、空中接口通信协议等技术规范与技术标准。WLAN 的协议栈模型如图 6-1 所示。

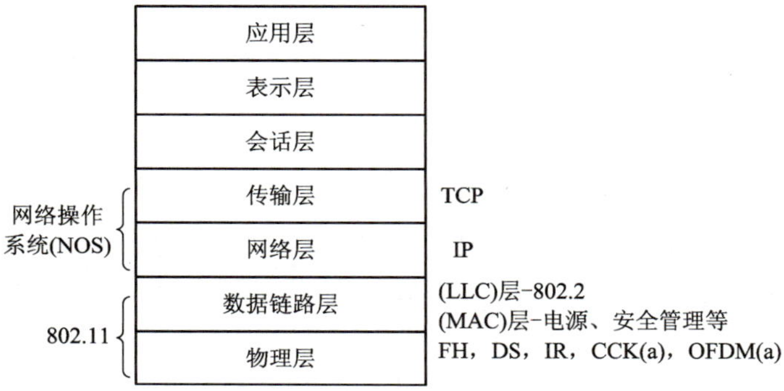

WLAN 技术原理

```
                        ┌─────────────────┐
                        │      应用层       │
                        ├─────────────────┤
                        │      表示层       │
                        ├─────────────────┤
                        │      会话层       │
                        ├─────────────────┤
      网络操作    ⎰      │      传输层       │  TCP
      系统(NOS)  ⎱      │      网络层       │  IP
                        ├─────────────────┤  (LLC)层-802.2
                ⎰      │     数据链路层     │  (MAC)层-电源、安全管理等
      802.11    ⎱      │      物理层       │  FH, DS, IR, CCK(a), OFDM(a)
                        └─────────────────┘
```

图 6-1　WLAN 的协议栈模型

6.2.2　WLAN 的典型标准

WLAN 标准从 1997 年推出到现在，已经历了二十多年的发展历程，从最初的 IEEE 802.11 开始，发展出了 IEEE 802.11a、IEEE 802.11b、IEEE 802.11c、IEEE 802.11d、IEEE 802.11e、IEEE 802.11f、IEEE 802.11g、IEEE 802.11h、IEEE 802.11i、IEEE 802.11n 和 IEEE 802.11ac 等。其中，IEEE 802.11a、IEEE 802.11b、IEEE 802.11g、IEEE 802.11n 是与物理层相关的标准，IEEE 802.11d、IEEE 802.11e、IEEE 802.11h、IEEE 802.11i 是与 MAC 层相关的标准，IEEE 802.11c、IEEE 802.11f 是与应用层相关的标准。现对部分标准进行简要介绍。

1. IEEE 802.11

20 世纪 90 年代初，为了满足人们对 WLAN 日益增长的需求，IEEE 成立了 802.11 工作组，专门研究和制定 WLAN 的标准协议，并在 1997 年 6 月推出了第一代 WLAN 标准——IEEE 802.11。它工作在 2.4 GHz ISM 频段上，数据传输速率为 1 Mb/s、2 Mb/s。物理层定义了数据传输的信号特征和调制方法，射频传输方法采用跳频扩频(FHSS)和直接序列扩频(DSSS)。MAC 层使用载波侦听多路访问/避免冲突(CSMA/CA)的方式共享无线媒体，负责客户端与 AP 之间的通信，主要功能包括扫描、接入、认证、加密、漫游和同步。

但由于该协议在速率和传输距离上的设计不能满足人们的需求，并未被大规模使用。

2. IEEE 802.11a

1999 年，IEEE 推出了 IEEE 802.11a 和 IEEE 802.11b。IEEE 802.11a 工作在 5 GHz ISM 频段上，数据传输速率为 6～54 Mb/s。物理层可采用多种调制方式，如 DQFSK、16QAM、64QAM、OFDM 等，其中 OFDM（正交频分复用）技术是一种多载波调制技术，主要是将指定信道分成若干子信道，在每个子信道上使用一个子载波进行调制，并且各子载波是并行传输的，可以有效提高信道的频谱利用率。IEEE 802.11a 可提供 25 Mb/s 的无线 ATM 接口和 10 Mb/s 的以太网线帧结构接口，并支持语音、数据、图像业务，完全能满足室内、室外的各种应用需求。

3. IEEE 802.11b

IEEE 802.11b 也就是大家熟悉的 Wi-Fi（Wireless Fidelity），它工作在 2.4 GHz ISM 频段上，数据传输速率可在 11 Mb/s、5.5 Mb/s、2 Mb/s、1 Mb/s 之间自动切换，并在 2 Mb/s、1 Mb/s 速率时与 IEEE 802.11 兼容。它支持数据和图像业务，从根本上改变了 WLAN 设计和应用现状，扩大了 WLAN 的应用领域。

4. IEEE 802.11g

2000 年初，IEEE 802.11g 工作组开始开发一项既能提供 54 Mb/s 速率，又能向下兼容 IEEE 802.11b 的协议标准，并在 2001 年 11 月提出了第一个 IEEE 802.11g 草案，该草案于 2003 年正式成为标准。IEEE 802.11g 兼容了 IEEE 802.11b，继续使用 2.4 GHz 频段。为了达到 54 Mb/s 的速率，IEEE 802.11g 借用了 IEEE 802.11a 的成果，在 2.4 GHz 频段采用了正交频分复用（OFDM）技术。IEEE 802.11g 的推出，满足了当时人们对带宽的需求，对 WLAN 的发展起到了极大的推动作用。

5. IEEE 802.11n

2002 年，IEEE 802.11 任务组 N，即 TGn（Task Group n）成立，开始研究一种更快的 WLAN 技术，目标是达到 100 Mb/s 的速率。2009 年 9 月 IEEE 推出了 IEEE 802.11n。在长达 7 年的制定过程中，IEEE 802.11n 的速率也从最初设计的 100 Mb/s，完善到了 600 Mb/s。IEEE 802.11n 采用了双频工作模式，支持 2.4 GHz 和 5 GHz，且兼容 IEEE 802.11a/b/g。

6. IEEE 802.11ac

IEEE 802.11ac 是 IEEE 802.11n 的继承者，于 2016 年 7 月获批。它采用并扩展了源自 IEEE 802.11n 的空中接口概念，包括更宽的 RF 带宽（提升至 160 MHz），更多的 MIMO 空间流，多用户的 MIMO，以及更高阶的调制（达到 256QAM）等大量标准。IEEE 802.11ac 使用 5 GHz 频带进行通信，理论上能够支持 1 Gb/s 的传输带宽。

IEEE 802.11 系列标准主要技术指标比较如表 6-1 所示。

当然，技术还在不断发展中。2019 年，Wi-Fi 联盟公布了最新的网络协议新标准 Wi-Fi 6，它的标准代码为 IEEE 802.11ax。此次 Wi-Fi 标准彻底改变了传统的命名方式，它放弃了 IEEE 802.11 的命名方式，使用了数字序号。按照新的命名方式，IEEE 802.11ac 叫作 Wi-Fi 5，

IEEE 802.11n 称为 Wi-Fi 4，这样用户可以更容易区分各种 Wi-Fi 技术标准。Wi-Fi 6 技术提供了大量新功能，包括更大的吞吐量、更快的速度(9.6 Gb/s)，支持更多的并发连接等。

表 6 - 1   IEEE 802.11 系列标准主要技术指标比较

标准名称	提出时间	工作频段	最高传输速率	调制技术	无线覆盖范围
IEEE 802.11	1997 年	2.4 GHz 或红外	2 Mb/s	BPSK DQPSK＋DSSS GFSK＋FHSS	N/A
IEEE802.11a	1999 年	5 GHz	54 Mb/s	OFDM	50 m
IEEE 802.11b	1999 年	2.4 GHz	11 Mb/s	CCK＋DSSS	100 m
EEE802.11g	2003 年	2.4 GHz	54 Mb/s	OFDM；CCK	＜100 m
IEEE 802.11n	2003 年草案 2009 年批准	2.4 GHz 或 5 GHz	600 Mb/s	MIMO＋OFDM	几百米
IEEE802.11ac	2011 年草案 2016 年批准	5 GHz	1 Gb/s	MIMO＋OFDM	几百米

6.3   WLAN 的网络结构

6.3.1   WLAN 常用设备

WLAN 组网的常用设备包括 BRAS、AC、AP、STA、天线、路由器等。

1. BRAS

BRAS(宽带远程接入服务器，Broadband Remote Access Server)是面向宽带网络应用的新型接入网关，它位于骨干网的边缘层，可以完成用户带宽的 IP/ATM 网的数据接入(接入

图 6 - 2   BRAS

手段包括基于 xDSL/Cable Modem/高速以太网技术(LAN)/无线宽带数据接入(WLAN)等)，实现用户的宽带上网、基于 IPSec(IP Security Protocol)的 IP VPN 服务、构建企业内部 Intranet、支持 ISP 向用户批发业务等应用。图 6 - 2 所示为一款典型的宽带远程接入服务器。

2. AP

AP 是 WLAN 的核心设备，是 WLAN 用户设备进入有线网络的接入点，也称为无线网桥、无线网关等。每个 AP 基本上都有一个以太网口，用于实现无线与有线的对接。

AP 可以设置为胖 AP 和瘦 AP 两种不同的模式。最早的 WLAN 设备将多种功能集于

一身,如将物理层、数据链路层、用户数据加密、用户认证、QoS、安全策略、用户管理及其他应用层功能集于一体,一般将这类 WLAN 设备称为胖 AP。胖 AP 的特点是配置灵活、安装简单、性价比高,但 AP 之间相互独立,不适用于用户密度高、多个 AP 连续覆盖等环境复杂的场所。瘦 AP 则适合于大规模部署,通常需要与交换机、控制器等设备配合组网。由于瘦 AP 的所有配置都是从网络上下载的,因此瘦 AP 是无法独立工作的。图 6 - 3 所示为典型 AP 设备。

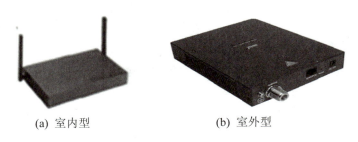

(a) 室内型　　　　　　　(b) 室外型

图 6 - 3　典型 AP 设备

3. AC

在大型网络中,由于接入点数量较多,为方便管理,引入 AC(Access Point Controller,AP 控制器)来实行集中管理。AC 又称为无线交换机,是 WLAN 的接入控制设备。这时AP 只保留物理层和 MAC 层功能,提供可靠、高性能的射频管理,包括 IEEE 802.11 协议的无线连接;而 AC 则集中所有的上层功能,包括安全、控制和管理等功能。

AC 集用户控制管理、安全机制、移动管理、射频管理、超强 QoS 和高速数据处理等功能于一身,具有高可靠性、业务类型丰富的特点。AC 还可集成 BRAS 和 AAA 功能的设计,提升了产品运营的适应性,且不必额外配置BRAS/AAA,从而降低了建网和运营成本。BRAS 模块支持 WPA/WPA2 和 802.1X 认证

图 6 - 4　典型 AC 设备

协议以及 AES、TKIP 等先进空口加密算法,以增强网络安全性,且支持用户三层漫游,可使业务在子网间切换时不中断,极大提升了用户体验。图 6 - 4 所示为一款典型 AC 设备。

4. 天线

天线用于发射和接收信号。由于国家对功率有一定的限制,无线设备本身的天线只能传输较短的距离,当超出一定范围时,可通过天线来增强无线信号。它相当于一个信号放大器,可以延伸传输的距离。天线的参数主要有频率范围、增益和极化方式等。频率范围是指天线工作的频段,如 IEEE 802.11b 标准的无线设备需要频率范围为 2.4 GHz 左右的天线来匹配;增益表示天线功率放大的倍数,数值越大,表示放大的倍数越大,信号越强,通常以 dBi 为单位;极化方式是指天线辐射时形成的电场强度方向,有水平极化、垂直极化等。根据其方向性,天线可分为全向天线、定向天线等。典型天线外形如图 6 - 5 所示。

天线增益	3 dBi
覆盖方向	全向
覆盖频段	824～960 MHz/1710～2500 MHz
输入接头	N型母头
应用场景	室内分布系统

图 6-5　一种典型天线

5. 无线路由器

无线路由器是一种带路由功能的无线接入点，在家庭及中小企业中经常使用。无线路由器具备无线 AP 所有的功能，如支持 DHCP、防火墙、加密等，同时包括路由功能。图 6-6 所示为无线宽带路由器，集路由器、无线接入点、四口交换机、防火墙于一体。

图 6-6　无线宽带路由器

6.3.2　WLAN 的拓扑结构

802.11 网络的基本元素包括 SSID(Service Set ID，服务集识别码)、STA(Stations，无线工作站)、AP (Access Point，接入点)设备和 BSS(Basic Service Set，基本服务区)等。根据不同的应用环境和业务需求，WLAN 可通过不同的网络结构实现组网应用。常用的网络结构有无中心对等网结构、单接入点 BSS 结构、多接入点 ESS(扩展服务区)结构和无线桥接结构。

1. 无中心对等网结构

无中心对等网结构也称为 Ad-hoc 网络结构，由无线工作站组成，用于一台无线工作站和另一台或多台其他无线工作站的直接通信。它无法接入到有线网络中，只能独立使用，且无须 AP，安全性由各个客户端自行维护。采用这种拓扑结构的网络，各站点竞争公用信道，但站点数过多时，信道竞争成为限制网络性能的要害，因此，这种拓扑结构比较适合小规模、小范围的 WLAN 系统组网，比如 4～8 个用户，如图 6-7 所示。

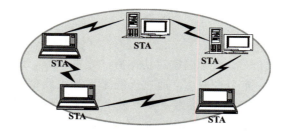

图 6-7　WLAN 无中心对等网结构

2. 单接入点 BSS 结构

单接入点 BSS 结构由无线接入点(AP)、无线工作站(STA)以及分布式系统(DS)构成，覆盖的区域称作基本服务区，如图 6 - 8 所示。无线接入点也称为无线 Hub，用于在 STA 和有线网络之间接收、缓存和转发数据，所有的无线通信都经过 AP 完成。无线接入点通常能够覆盖几十至几百用户，覆盖半径达上百米。AP 可以连接到有线网络，实现无线网络和有线网络的互联。

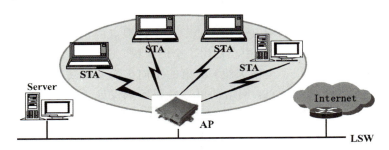

图 6 - 8　单接入点 BSS 结构

3. 多接入点 ESS 结构

多接入点 ESS 结构是由多个 AP 以及连接它们的分布式系统（DS）组成的基础架构模式网络，也称为扩展服务区。如图 6 - 9 所示，扩展服务区内的每个 AP 都是一个独立的无线网络基本服务区，所有 AP 共享同一个扩展服务区标识符（ESSID）。分布式系统在 IEEE 802.11 标准中并没有定义，但是目前大都是指以太网。具有相同 ESSID 的无线网络间可以进行漫游，拥有不同 ESSID 的无线网络形成逻辑子网。

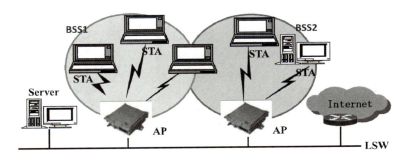

图 6 - 9　多接入点 ESS 结构

4. 无线桥接结构

无线桥接在以太网无线网络连接或需要为有线连接建立第二条冗余连接以作备份时采用。无线桥接允许在建筑物之间进行无线连接。无线桥接主要有以下几种结构类型：点对点型、点对多点型和中继模式等。

点对点型无线桥接常用于固定的需要连网的两个位置之间，是无线连网的常用方式。使用这种连网方式建成的网络，其优点是传输距离远、传输速率高、受外界环境影响较小。如图 6 - 10 所示，A 大楼放置一

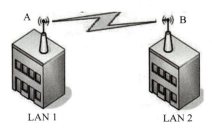

图 6 - 10　点对点无线桥接

台无线网桥,顶部放置一面定向天线;B 大楼同样放置一台无线网桥,顶部放置一面定向天线。两地的无线网桥分别通过馈线与本地天线连接后,两点的无线通信可迅速搭建起来。无线网桥通过超五类双绞线连接各地的网络交换机,这样两处的网络即可连为一体。在这种结构下,A、B 的 AP 在管理界面选择桥接模式,在远程桥接 MAC 地址处输入对端 MAC 地址,同时两个 AP 要在同一 IP 网段。

点对多点型无线桥接常用于有一个中心点、多个远端点的情况下。其最大优点是组建网络成本低、维护简单。其次,由于中心使用了全向天线,设备调试相对容易。点对多点型无线桥接的缺点是,因为使用了全向天线,波束的全向扩散使得功率大大衰减,网络传输速率降低,对于较远距离的远端点,网络的可靠性得不到保证。点对多点型无线桥接典型组网如图 6-11 所示,O 为中心点,分别连接 A、B、C 不同的局域网络。这时,所有 AP 要使用相同的 SSID、认证模式和密钥等,中心点可设为中继模式,不接入网络,也可设为 AP 模式,对客户端提供接入。

当所建网络中有远距离的点,或有建筑物、山脉等阻挡的点时,可使用中继模式无线桥接。中继 AP 放置在需要连接的不同 AP 点都能覆盖的位置。如图 6-12 所示,A、C 两栋建筑各有一个局域网 LAN1 和 LAN2,因为传输距离等原因无法连接,若在 B 建筑加入一个中继 AP,则可达到连通的目的。此时,中继 AP 要设置成中继模式,A、C 两点连入各自交换机,并设置为点对点型桥接模式,所有 AP 在同一个 IP 网段。

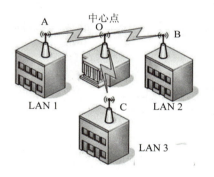

图 6-11　点对多点型无线桥接

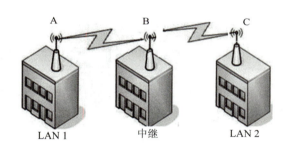

图 6-12　中继模式无线桥接

【实训指导】

6.4　WLAN 的应用设计

6.4.1　无线路由器组网

家庭或宿舍组建无线局域网是无线路由器组网最通用的例子。如图 6-13 所示,使用一台无线路由器和多台无线设备(如手机、笔记本电脑、带有无线网卡的计算机)作为接入点进行组网。无线路由器具有接入功能,可以允许共享一个 ISP(Internet 服务提供商)的单一 IP 地址为多台计算机提供服务。

WLAN 的组网设计

图 6‒13　无线路由器组网

6.4.2　AP 接入组网

基于 AP 接入的 WLAN 应用场景有室内放装、室外覆盖、室内分布系统、混合组网等多种。

1. 室内放装

室内放装型 AP 加全向天线是一种常用的无线信号覆盖方式。其特点是布放方式简单、施工成本低，同时，每个 AP 独立工作，方便根据布放区域的需求灵活调整 AP 数量，可满足用户不同带宽要求。室内放装型 AP 多用在面积较小、用户相对集中、对容量需求较大的区域。比如会议室、办公室、老式建筑、酒吧、休闲中心、VIP 候机厅、商铺等场景宜选用室内放装型 AP 设备。WLAN 室内放装覆盖组网应用如图 6‒14 所示。

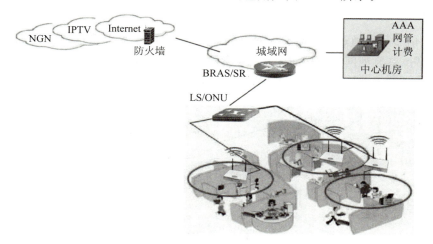

图 6‒14　WLAN 室内放装覆盖组网应用

2. 室外覆盖

室外覆盖适用于公共广场、居民小区、学校、宿舍、园区、室外人口较为聚集的空旷地带以及对无线数据业务有较大需求的商业步行街等室外场合。有些应用场景需要无线回传，如楼宇间的无线网桥、2.4G 接入等应用。室外覆盖中多采用大功率室外型 AP，或远距离小区桥接覆盖，如图 6‒15 所示。其覆盖情况受发射功率、天线形态和增益、放置高度、障碍等多种因素影响。此外，建网时还需综合考虑系统容量与 AP 数量、天线增益与覆盖角度、信号穿透能力与功率预算、防护等级等问题。

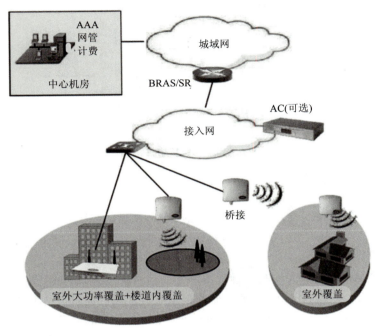

图 6-15　WLAN 室外覆盖组网应用

3. 室内分布系统

　　WLAN 信号可以通过合路器馈入原有的 2G/3G 室内覆盖天馈系统,以实现多网共用室内分布系统,其典型网络结构如图 6-16 所示。该系统利用 WLAN 带宽优势,起到对 3G 数据业务的分流作用。实际应用中,CDMA800、GSM900、GSM1800、CDMA1900、

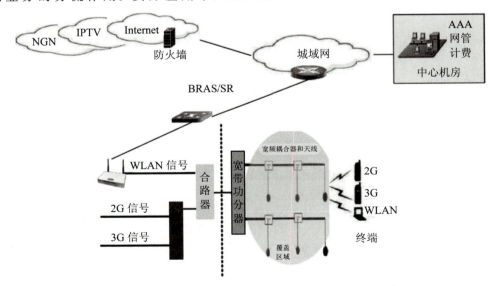

图 6-16　WLAN 室内分布系统应用

WCDMA、TD-SCDMA 等都可能与 WLAN AP 共用室内分布系统。WLAN 室内分布系统建设需综合考虑系统容量、信道分配、拓扑结构、功率预算、场强覆盖、干扰与隔离、馈电方式等方面的因素。

WLAN 与 2G/3G 共用室内分布系统，可以降低 WLAN 部署成本和站址获取难度。在室内热点区域，可用于分担 3G 数据业务流量，降低 3G 网络扩容升级成本，例如星级酒店、商务中心、交通枢纽、大型场馆、休闲娱乐、餐饮等场所。WLAN 部署在室内时并非全覆盖，只是针对热点区域和有投资回报的区域。WLAN 用户少，投资回报率低，除非业主强烈要求，可不做覆盖。部署网络时，需现场勘测确定 WLAN 的覆盖方式。由于不同场景的建筑结构、功能区分布、覆盖需求、宽带资源、无线环境（包括现有 2G/3G 无线环境及其他运营商的 WLAN 网络）等情况不一样，因此 WLAN 的部署情况也会有很大区别。

4. 混合组网

在实际应用组网中，还会有各种混合应用，如应用于机场车站、会展中心、商业广场等环境的组网。通常室外采用大功率覆盖，室内采用放装覆盖，如图 6 - 17 所示。

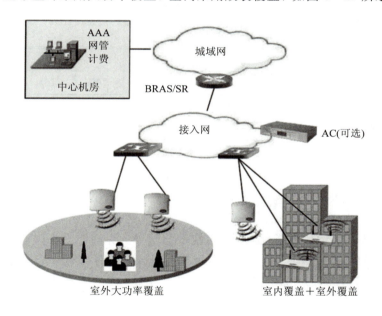

图 6 - 17   WLAN 混合组网的典型应用

6.4.3   WLAN 的网络规划

WLAN 的网络规划主要包含频率规划、覆盖规划、链路预算和容量规划等。

1. 频率规划

在进行频率规划时，由于频率资源有限，可以配合空间交错实现频率再用，从而增加网络容量。同信道干扰在无线通信组网中是主要的干扰源，频率规划应做到同频最小化重叠。为保证频道之间不相互干扰，2.4G 频段要求两个频道的中心频率间隔不能低于 25 MHz，推荐 1、6、11 三个信道交错使用。5.8G 频段的信道采用 20 MHz 间隔的非重叠信道，推荐采用 149、153、157、164、165 信道。在分楼层的立体空间，典型频率规划方法如图 6 - 18 所示。在我国可以使用的信道标识与中心频率对应表如表 6 - 2 所示。

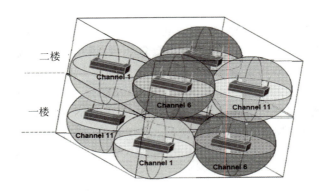

图 6 - 18   频率规划

表 6 - 2   信道标识与中心频率对应表

信道标识	1	2	3	4	5	6	7	8	9
中心频率/MHz	2412	2417	2422	2427	2432	2437	2442	2447	2452
信道标识	10	11	12	13	149	153	157	161	165
中心频率/MHz	2457	2462	2467	2472	5745	5765	5785	5805	5825

2. 覆盖规划

AP 的覆盖范围与 AP 发射功率、天线增益、天线指向性、接收灵敏度、穿透损耗、信噪比等多种因素有关。距离 AP 越近，STA 信号强度质量越好，获得的无线连接速率越高；在同样的发射功率和获得同样连接速率的情况下，2.4 GHz 和 5 GHz 频段的覆盖范围有一些差别，5 GHz 覆盖范围小于 2.4 GHz；覆盖质量与周边信噪比相关，信噪比大于 28 dB 比较理想，工勘时需测定周边的干扰源；覆盖范围与信号的穿透能力相关，需根据安装环境统一规划链路预算，避免 AP 天线与覆盖区域之间有较大的损耗阻隔。

要根据建筑的情况确定使用的网络拓扑结构方案，主要方案有室内放装 AP、室内 AP+DAS 覆盖、室外 AP+网桥、室外 AP+光缆等。此外，还需要确定能否共享已存在的室内分布系统以及共享的方案，并且根据建筑的情况设计室内分布系统的拓扑、路由等。要根据建筑的面积、用途、结构特点，确定信号源的选取和具体的覆盖方案，确定 AP 数量和安装位置以及功分器、合路器、天线的射频器件。还要基于建筑图纸、墙体结构基础绘制出 WLAN 室内分布系统的系统原理图(拓扑图)。

覆盖设计与站址勘测过程是紧密关联的。在网络规划过程中，覆盖预测通常并不是一次就可以达到网络规划目标的，必须结合现场测试获得基础数据，进行若干次的反复调整。

3. 链路预算

WLAN 链路预算的一般步骤如下：

(1) 确定边缘场强。

（2）确定空间传播损耗、电缆损耗及墙体等阻隔损耗。

（3）根据公式计算覆盖距离，判定是否满足覆盖要求。

边缘场强是指所需覆盖区域边缘的信号强度。WLAN 边缘场强电平要结合通信终端的接收灵敏度和边缘带宽需求确定，一般选择 -75 dBm 以上。

空间传播损耗计算：对于室内覆盖场景，可选择自由空间损耗模型的计算公式；对于室外覆盖场景，可选择 COTS231-HATA 模型的经验公式。

室内信号模型符合自由空间损耗模型，具体计算公式如下：

$$L=20\lg f+20\lg d-28 \quad （f：MHz；d：m）$$
$$L=20\lg f+20\lg d+32.4 \quad （f：MHz；d：km）$$
$$L=20\lg f+20\lg d+92.4 \quad （f：GHz；d：km）$$

COTS231-HATA 模型路径损耗计算的经验公式为

$$L_{50}(dB)=46.3+33.9\lg f_c-13.82\lg h_{te}-\alpha(h_{re})+(44.9-6.55\lg h_{te})\lg d+C_{cell}+C_{terrain}+C_M$$

式中：f_c 为传输频率（MHz）；h_{te} 为有效发射天线高度；h_{re} 为有效接收天线高度；d 为收发信号之间的水平距离，单位为 km；$\alpha(h_{re})$ 为有效天线修正因子，是覆盖区域大小的函数；C_{cell} 为小区类型校正因子，不同环境下其取值不同；$C_{terrain}$ 为地形校正因子，它反映一些重要的地形；C_M 为大城市中心校正因子，即

$$C_M=\begin{cases}0\ dB & 中等城市和郊区 \\ 3\ dB & 大城市中心\end{cases}$$

下面给出一些参数，供计算时选择使用。

1）距离损耗计算数据

距离损耗计算数据如表 6-3 所示。

表 6-3　距离损耗计算数据

传输距离/m	5	10	15	20	30	40	50	60	200	300
2400 MHz	54.02	60.04	63.56	66.06	69.58	72.08	74.02	75.61	86.06	89.58

2）馈线损耗计算数据

馈线损耗计算数据如表 6-4 所示。

表 6-4　馈线损耗计算数据

名　称	900 MHz 时的传输损耗/(dB/100 m)	2100 MHz 时的传输损耗/(dB/100 m)	2400 MHz 时的传输损耗/(dB/100 m)	备　注
1/2" 馈线	7.04	9.91	12.5	馈线越粗，频段越低，传输损耗越小；每种馈线都有相应的频段范围
7/8"馈线	4.02	5.48	6.8	
5/4"馈线	3.12	3.76	3.76	
13/8"馈线	2.53	2.87	2.87	
8D 馈线	14.0	23	26	
10D 馈线	11.1	18	21	

3) 穿透损耗计算

室内环境中多径效应影响非常明显,室内放装型 AP 有效覆盖范围会受到很大限制。由于 WLAN 信号的穿透性和衍射能力很差,一旦遇到障碍物,信号强度会严重衰减。2.4 GHz 微波对各种材质的穿透损耗的实测经验值如表 6-5 所示。

表 6-5　2.4 GHz 微波对各种材质的穿透损耗的实测经验值

材质	8 mm 木板	38 mm 木板	40 mm 门	12 mm 玻璃	250 mm 水泥墙	砖墙	楼层阻挡	电梯阻挡
穿透损耗	1~1.8 dB	1.5~3 dB	2~3 dB	2~3 dB	15~28 dB	6~8 dB	30 dB 以上	20~40 cB

4) 器件损耗和接头损耗

RF 射频器件都会有一定的插入损耗(简称插损),如电缆连接器、功分器、耦合器、合路器、滤波器等,典型接头损耗一般在 0.1~0.2 dB。各种器件的插损参数可参考器件说明书,也可参考表 6-6~表 6-8。

表 6-6　功分器的插损参数

名　称	插损(含分配损耗)/dB	接头类型	功　能
二功分器	≤3.5	N(female)	
三功分器	≤5.1	N(female)	将 1 路输入分为等功率的多路输出
四功分器	≤6.4	N(female)	

表 6-7　耦合器的技术参数

名　称	耦合度	插损/dB	接头类型	功　能
5 dB 耦合器	5+0.5	≤2.0	N(female)	
7 dB 耦合器	7+0.5	≤1.4	N(female)	将 1 路输入分为不等功率
10 dB 耦合器	10+0.5	≤0.9	N(female)	的 2 路输出,以满足其不同
15 dB 耦合器	15+0.5	≤0.6	N(female)	功率的需要
20 dB 耦合器	20+0.5	≤0.5	N(female)	

表 6-8　合路器的指标参数

指标项目	GSM	DCS 和 3G	WLAN
工作频率/MHz	800~960	1710~2170	2400~2500
插损/dB	≤0.5	≤0.5	≤0.6
带内波动/dB	≤0.2	≤0.4	≤0.3
驻波比	≤1.2	≤1.2	≤1.2
功率容量/W		100	
接头类型		N(female)	
尺寸/mm		190×96×51(不含接头、调谐螺钉和安装板)	
工作温度/℃		-40~+55	

5）功率预算与损耗

工程应用时必须考虑功率预算，即应满足：

$$发射功率＋发射天线增益－路径损耗＋接收天线增益＞边缘场强$$

工勘和工程设计方案中需要考虑这些参数，并计算覆盖距离。

（1）AP的发射功率因数主要由AP自身决定。

（2）发射天线的增益由天线参数决定。

（3）传播路径损耗需要在工勘核实，包括空间、电缆、阻隔等损耗。

（4）边缘场强的选取可参考接收灵敏度。一般WLAN设备在接收方向会内置低噪声放大器（LNA），可提升10～15 dBi的接收增益，用于提高接收灵敏度，因此设备的实际接收灵敏度往往优于标准要求。

（5）每个终端的接收天线增益一般无法确定，通常情况下为2～3 dBi。

4. 容量规划

AP布放的数量决定了系统容量，可以从以下几个方面确定AP的数量：

（1）根据用户数量确定AP数量。AP采用了CSMA（冲突检测载波侦听多路存取）协议，一个AP可以接入很多用户，如果接入用户数量过多，会导致每个用户的性能下降，一般每个AP接入20～30个用户为宜。当用户数量超过AP容量限制时，需增加AP数量来扩容。

（2）根据覆盖区域确定AP数量。当覆盖需求大于一个AP覆盖范围时，需增加多个AP以增加覆盖面积；每个AP只覆盖指定的区域。室内分布系统可采用多天线方式扩展覆盖空间，但系统容量不会提高。

（3）根据带宽需求确定AP数量。当某个区域用户数较多，并对带宽有很大需求时，可增加AP数量来均衡流量分担；同一区域的AP之间需采用非重叠信道覆盖。

如果楼层布放3个AP，180个用户使用，则60个用户共享1个AP带宽，每个AP的发射功率为50 mW才能满足覆盖需求；如果楼层布放12个AP，180个用户使用，则15个用户共享1个AP带宽，每个AP的发射功率只需为12.5 mW即可满足覆盖需求。

6.5　WLAN设备安装

6.5.1　AP的硬件安装

中兴通讯无线局域网系列产品中的桥接型室内无线接入点W815N为运营级室内型500 mW的AP，内置的高功率射频放大器更适合于运营商室内分布式组网。W815N工

WLAN设备的安装与配置

作在2.4 GHz频段，符合IEEE 802.11b/g/n标准，采用OFDM（正交频分复用）技术，具有传输速率高、接收灵敏度高、传输距离远等特点，适合设置在无线局域网热点地区，为用户提供无线局域网接入功能，为基础电信运营商、ISP、行业及企业提供无线接入解决方案。W815N的各接口和按键说明如表6-9所示。

表 6 - 9　W815N 的各接口和按键说明

名称/标识	描　　述
Power	电源接口，与原厂配置的电源适配器连接
Reset	复位按键，在上电运行状态下，若持续按下该按键 5 s 以上，可将当前配置恢复为出厂缺省配置，然后系统将自动重新启动
WAN	连接网络或 PoE 供电
RS-232	串口，支持用户通过串口方式管理和调试设备(普通用户不建议使用)
ANT	天线接口，Wi-Fi 信号通过此天线进行收发

AP 有三种硬件安装方法：

(1) 通过标配的外置电源适配器直接供电时，安装方法如图 6 - 19(a)所示。

(2) 在交换机不支持 PoE 供电的情况下，通过标配的 PoE 模块实现 48 V 以太网远程供电，安装方法如图 6 - 19(b)所示。

(3) 通过支持标准 PoE 供电的交换机直接供电时，安装方法如图 6 - 19(c)所示。

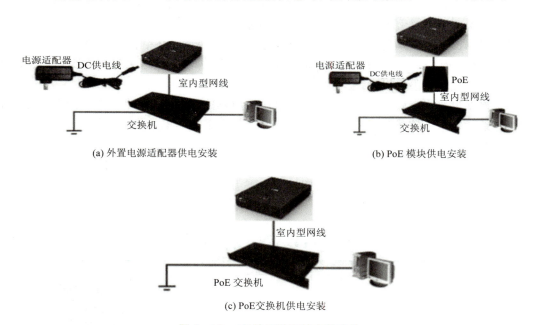

(a) 外置电源适配器供电安装　　　　　　(b) PoE 模块供电安装

(c) PoE交换机供电安装

图 6 - 19　AP 的三种硬件安装方法

当需要对 AP 进行管理时，可执行以下步骤登录到 AP：在管理 PC 上打开浏览器(如 IE 等)，在浏览器的地址栏写入 AP 的 IP 地址(AP 的默认 IP 地址是 192.168.0.1)，并按回车键。如果出现 Windows 安全警告对话框，则点击 OK/Yes 继续，直到出现登录页面为止。

6.5.2　AC 的硬件安装

中兴 W981/W981S 采用标准 800 mm 深机柜安装时，需要使用带侧耳的型号，具体安装示意图如图 6 - 20 所示。

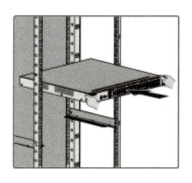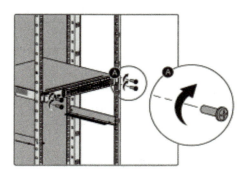

图 6 - 20　AC 的硬件安装

安装步骤如下：

（1）在机柜前面两侧各有一列安装定位立柱，根据实际容量需要确定 W981S 在机柜中的位置。

（2）位置确定好后，将 W981S 平行放在托板上，推入机柜。

（3）使用四个面板螺钉，将其与立柱上的浮动螺母连接并拧紧，使设备安装稳固。

6.6　WLAN 设备组网配置

6.6.1　WLAN 设备组网的数据规划

WLAN 典型组网如图 6 - 21 所示。在此场景下，采用瘦 AP 本地转发模式，AC 仅管理 AP，AP 地址采用静态配置，AP 通过静态方式发现 AC，STA 地址由外部 DHCP 服务器分配。

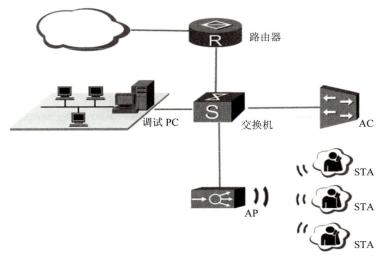

图 6 - 21　WLAN 典型组网配置图

WLAN 组网的 IP 地址规划如表 6－10 所示。

表 6－10　IP 地址规划

规划内容	IP 地址需求
OMC 网关 IP	129.0.254.1
AC 业务地址	192.168.254.10/32
AC 下联口地址	192.168.254.1/24

6.6.2　WLAN 设备组网的配置流程

WLAN 设备组网配置分为 AC 和 AP 两个部分，下面以中兴设备为例介绍配置流程。

1. 配置 AC

1）登录 AC

中兴 W981S OMC 网关 IP 缺省为 129.0.254.1。本教学环节中，不对网关 IP 地址进行修改。将 PC 的网卡地址设置为同网段地址：打开浏览器，输入"https：//129.0.254.1"，缺省用户名为 root，密码为 root。

2）配置 AC 业务地址

配置入口："业务管理"→"基本信息"。

在基本信息页面中配置参数，如图 6－22 所示，然后点击"提交"按钮使参数生效。

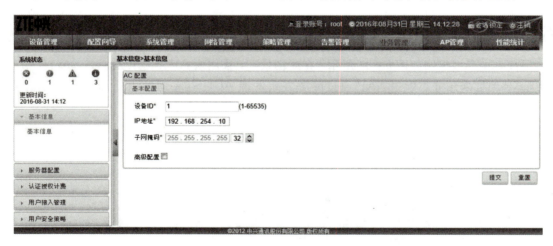

图 6－22　AC 配置

3）下联口地址配置

配置入口："网络管理"→"接口"。

在接口页面中选择需要配置的接口，如图 6－23 所示。

本例中，对 ethernet 0/1 接口进行编辑。点击"编辑"，在打开的子页面中配置参数，如图 6－24 所示，然后点击"提交"按钮使参数生效。

图 6-23　下联口地址配置

图 6-24　接口配置

切换到 IPv4 选项卡，配置参数，如图 6-25 所示，然后点击"提交"按钮使参数生效，最后关闭子窗口。

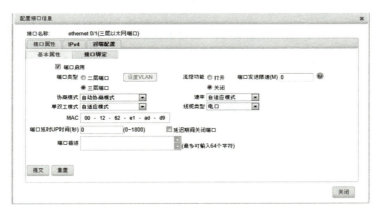

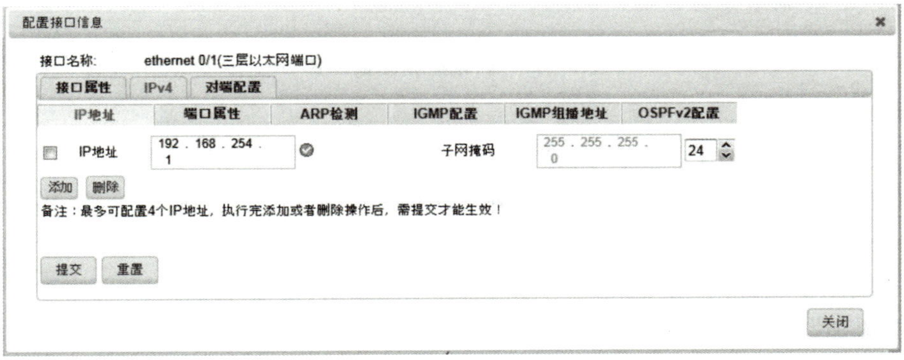

图 6-25　IPv4 选项卡参数配置

4）射频模板配置

配置入口："AP 管理"→"AP 配置"→"射频模板"。点击图 6 - 26 中的"添加"按钮，在弹出的子页面中配置参数，如图 6 - 27 所示。

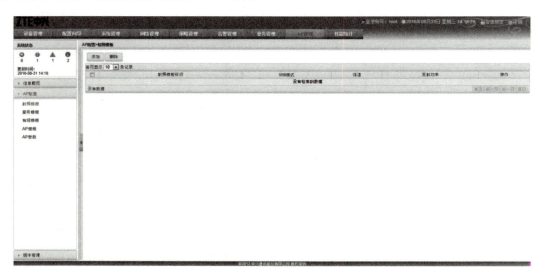

图 6 - 26　新增射频模板

图 6 - 27　新增射频模板配置

5）服务模板配置

配置入口："AP 管理"→"AP 配置"→"服务模板"。

点击"添加"按钮，在弹出的子页面中配置参数，如图 6 - 28 所示。

6）AP 模板配置

AP 模板配置入口："AP 管理"→"AP 配置"→"AP 模板"。

点击"添加"按钮，在弹出的子页面中配置参数，如图 6 - 29 所示。

点击"新增一条配置"按钮，在弹出的子页面中配置参数，如图 6 - 30 所示。

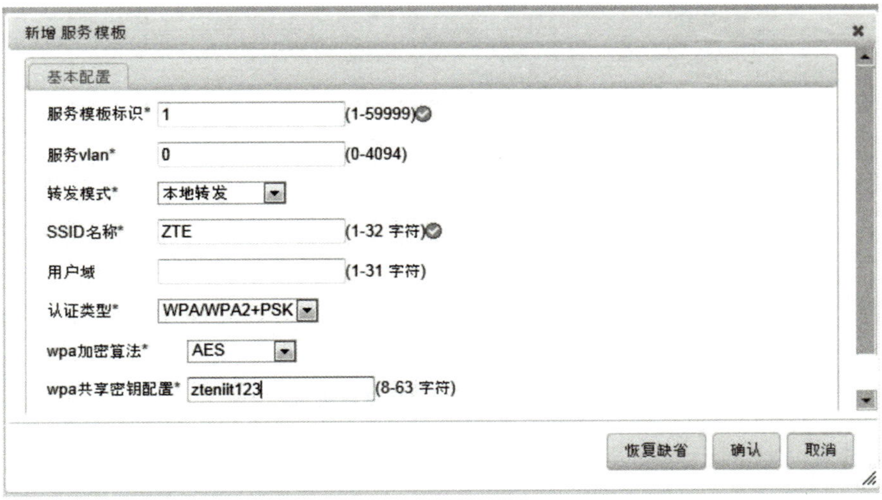

图 6－28　新增服务模板配置

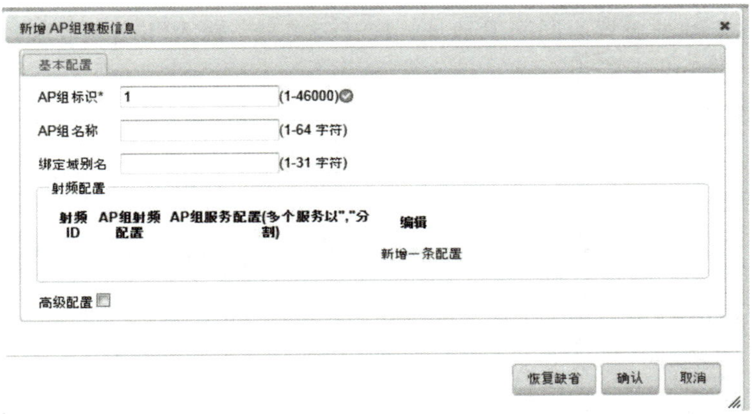

图 6－29　新增 AP 组模板信息配置

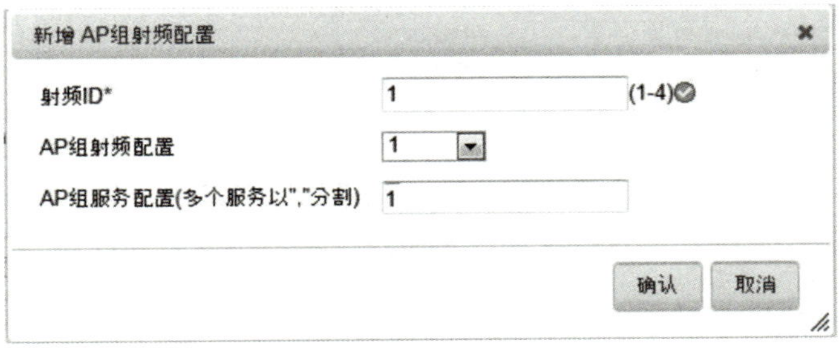

图 6－30　新增 AP 组射频配置

AP 参数配置入口："AP 管理"→"AP 配置"→"AP 参数"。

点击"添加"按钮，在弹出的子页面中配置参数，如图 6－31 所示。

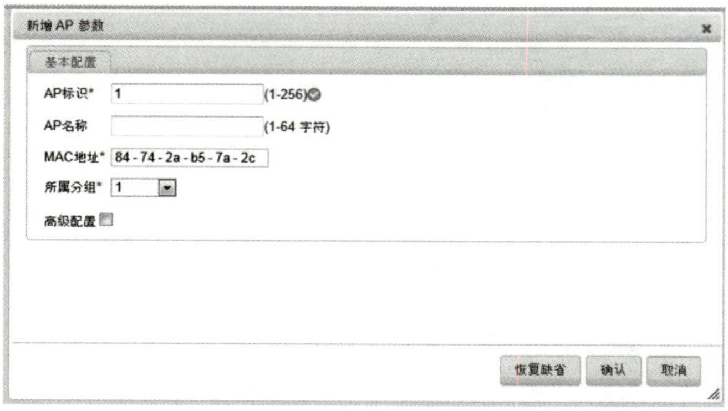

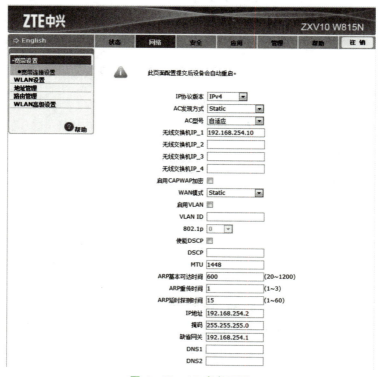

图 6 – 31 新增 AP 参数配置

2. 配置 AP

1) 登录 AP

AP 缺省登录地址为 https://192.168.0.228。

将 PC 的网卡地址设置为同网段地址：打开浏览器，输入"https://192.168.0.228"，缺省用户名为 admin，密码为 admin。

2) 配置 AP 参数

配置入口："网络"→"宽带设置"→"宽带连接设置"。

AP 参数配置如图 6 – 32 所示。

图 6 – 32 AP 参数配置

至此，WLAN 设备组网配置完成。

思 考 与 练 习

6.1　什么是 WLAN？

6.2　WLAN 的技术标准有哪些？

6.3　WLAN 由哪些设备组成？

6.4　什么是 AC？

6.5　什么是胖 AP，有什么特点？

6.6　什么是瘦 AP，有什么特点？

6.7　WLAN 有哪些应用场景，试举例说明。

6.8　WLAN 有哪些网络结构？

6.9　简述 AC 的配置流程。

6.10　中小企业 WLAN 组网配置。组网需求：WLAN 组网的网络拓扑结构如图 6-21 所示。不要求认证、计费、授权等，试完成 AC＋AP 的 WLAN 组网设计，并完成数据配置。

参 考 文 献

［1］ 蒋振根，陈庆升，程灵聪. 宽带接入网技术基础［M］. 北京：人民邮电出版社，2015.

［2］ 张喜云. 宽带接入网技术项目式教程［M］. 西安：西安电子科技大学出版社，2015.

［3］ 孙青华. 接入网技术［M］. 北京：人民邮电出版社，2014.

［4］ 张恒亮. EPON 宽带接入技术与应用［M］. 中兴通讯 NC 教育管理中心，2011.

［5］ 张庆海. 有线电视网络工程综合实训［M］. 2 版. 北京：电子工业出版社，2014.

［6］ 朗为民，郭东生. EPON/GPON 从原理到实践［M］. 北京：人民邮电出版社，2010.

［7］ 崔景川. EPON 接入网的设计与应用［D］. 2014.

［8］ 陈明. PON 技术在视频监控领域的应用［D］. 2014.

［9］ 王庆，胡卫，等. 光纤接入网规划设计手册. 北京：人民邮电出版社，2009.

［10］ 华为技术有限公司. 华为 SmartAX MA5600T&MA5603T&MA5608T V800R013C00 光
接入设备产品描述. 2014.

［11］ 华为技术有限公司. SmartAX MA5680T/MA5683T/MA5608T 光接入设备调测和
配置指南 V800R015C00. 2014.

［12］ 中兴通讯股份有限公司. ZXA10 C300 光接入局端汇聚设备硬件描述 V1.2. 2011.

［13］ 中兴通讯股份有限公司. ZXA10 C300 光接入局端汇聚设备 配置手册(CLI)V1.2.1.
2011.

［14］ 中兴通讯股份有限公司. ZXWL W981/W981s 无线局域网接入控制器用户手册
V1.0.2013.

［15］ 中兴通讯股份有限公司. ZXV10W815N 室内无线接入点 用户手册 V2.0. 2010.

［16］ 成都康特电子高新科技有限责任公司. AV 7410 EOC 局端 WEB 用户手册. 2014.

［17］ 中华人民共和国行业标准. GY/T 200.1—2004 网络数据传输系统技术规范.